Gerhard Schwarz

Führen mit Humor

Gerhard Schwarz

Führen mit Humor

Ein gruppendynamisches Erfolgskonzept

GABLER

Bibliografische Information Der Deutschen Nationalbibliothek
Die Deutsche Nationalbibliothek verzeichnet diese Publikation in der Deutschen Nationalbibliografie; detaillierte bibliografische Daten sind im Internet über <http://dnb.d-nb.de> abrufbar.

Dr. Gerhard Schwarz, Universitätsdozent für Philosophie (Universität Wien) und Gruppendynamik (Universität Klagenfurt), arbeitet seit mehr als dreißig Jahren auf den Gebieten Organisationsentwicklung, Gruppendynamik und Konfliktmanagement. Er ist Berater namhafter Unternehmen vor allem in Deutschland und Österreich und gefragter Referent auf Kongressen. Außerdem moderiert er mehrere Fernsehsendungen im ORF. Sein erfolgreiches Buch „Konfliktmanagement" erschien 2005 in der 7. Auflage bei Gabler.

1. Auflage Februar 2007

Lektorat: Ulrike M. Vetter

Der Gabler Verlag ist ein Unternehmen von Springer Science+Business Media.
www.gabler.de

Umschlaggestaltung: Nina Faber de.sign, Wiesbaden
Karikaturen: Markus Murlasits
Druck und buchbinderische Verarbeitung: Wilhelm & Adam, Heusenstamm
Gedruckt auf säurefreiem und chlorfrei gebleichtem Papier
Printed in Germany

ISBN 978-3-409-12732-5

Meinen Vätern gewidmet,
meinen leiblichen Eltern, die 1941 leider viel zu früh verstorben sind.

„Es kam fast immer schlimmer, als ich es vorausgesagt habe. Bin ich jetzt ein Pessimist wie alle behaupten oder nicht in Wirklichkeit ein Optimist?"

Theodor Germer

„Wenn es im Jenseits einen Gott gäbe, müsste er sehr viel Humor besitzen."

Arnold Dolezal

„Wenn du ernst genommen werden willst, musst du es heiter bringen."

Erich Heintel

Vorwort

Als ich 1961 meine Dissertation mit dem Titel „Humor und Agape" an der Universität Wien einreichte, ahnte ich noch nicht, welche Bedeutung der Humor für mich und in der Folge dann auch für unsere Gesellschaft haben würde. Heute ist Humor vor allem auch in Führungssituationen nicht nur gesellschaftsfähig geworden, sondern meist schon eine Bedingung des Erfolges. Ist es die immer schwierigere und kompliziertere Umwelt oder die Geschwindigkeit der Entwicklung oder die Umstellung von hierarchischen zu kollegialen Strukturen – ich weiß es nicht. Aber ich weiß, dass Führungskräfte und Entscheidungsträger, die mit Humor führen, deutlich erfolgreicher sind als die mit weniger Humor.

Nachdem ich auch einen Teil meines Erfolges als Berater und Trainer auf diese Form der Intervention zurückführe, möchte ich meine Erfahrungen weitergeben. Denn die Formen des Komischen sind die differenziertesten und stärksten Interventionsinstrumente, die es gibt. Man bringt fast jede noch so verfahrene Situation mit Humor in Bewegung.

Das Wort Humor verwende ich – dem allgemeinen Sprachgebrauch und der Literatur folgend – in drei verschiedenen Bedeutungen. Erstens steht es als Oberbegriff für alle Formen des Lachens, zweitens als eine Form zum Unterschied von anderen Formen wie Ironie, Sarkasmus oder Zynismus. Drittens aber – und das wäre mein Beitrag zur ohnehin schon reichen Facette dieses Begriffs – als Übersetzung des griechischen Wortes „Agape" der christlichen Tradition. Ich habe im vierten Teil dieses Buches die philosophischen und religiösen Zusammenhänge noch etwas genauer analysiert – auch die treten heute wieder verstärkt in das öffentliche Interesse, wie etwa die diversen Karikaturendiskussionen zeigen.

Der dritte Teil des Buches beschäftigt sich mit den praktischen Instrumenten, um mit Humor zu intervenieren. Alle diese Instrumente nützen allerdings nichts, wenn man sich nicht vorher die Frage stellt, welche Form des Komischen für die jeweilige Situation am besten geeignet ist. Im zweiten Teil werden also die verschiedenen Formen des Komischen von Ironie über Zynismus bis zum Humor erörtert. Dem vorausgesetzt ist der erste Teil, der allgemein den neuen Stellenwert des Lachens in unserer Zeit erörtert.

Wie immer habe ich auch bei diesem Buch Kolleginnen und Kollegen gebeten, das Manuskript zu lesen und mich auf die ärgsten Fehler aufmerksam zu machen. Für Hinweise und Korrekturen danke ich Uwe Arnold, Eva Maria Boltuch, Sibylle Fritsch, Ewald Krainz, Karin Lackner, Ellen Müller, Ber Pesendorfer, Herbert Pietschmann, Guido Schwarz, Helga Stattler, Paula Stegmüller.

Zu besonderem Dank bin ich Christian Müller verpflichtet, der mir seine Untersuchung über die Verwendung des Humors bei Mediatoren zur Verfügung gestellt hat, sowie Rudolf Langthaler, der mit seiner Theorie der „Analogia (rid)entis" die religiöse Bedeutung des Humors auf den Punkt gebracht hat.

Die Karikaturen in diesem Buch wurden von Markus Murlasits gezeichnet.

Wien, im Januar 2007 Gerhard Schwarz

Inhaltsverzeichnis

Einleitung

Gelacht wird in Führungssituationen immer. Die Frage ist nur, wer über wen lacht. Als Vorgesetzter kann man es sich aussuchen – so die These –, ob man mitlacht oder nicht. Nicht alle wollen dabei sein, wenn über sie gelacht wird.

Humor ist eines der stärksten und effizientesten Führungsinstrumente. Die meisten haben das bisher noch nicht so gesehen. Das hängt wahrscheinlich damit zusammen, dass „Führung" bisher als Weitergabe von Systeminteressen im Rahmen einer Hierarchie von oben nach unten gesehen wurde.

Zum Führen braucht man sich also nicht in einer hierarchisch übergeordneten Position zu befinden – im Gegenteil. Immer öfter müssen die Chefs ohnmächtig feststellen, dass ihre Führungsleistungen nicht das bewirken, was sie eigentlich wollen. Dagegen finden in einem Sozialgebilde oft Prozesse statt, die von der Hierarchie nicht oder nur sehr peripher gesteuert werden können.

Humor und Lachen waren wahrscheinlich immer schon Instrumente, um solche „inoffiziellen" Prozesse zu starten oder zu steuern. Mit Witz wehrten sich die Menschen gegen ungeliebte Führung. Humor ist der Knopf, der verhindert, dass uns der Kragen platzt.

Deswegen sind auch die verschiedenen Formen des Komischen von den Autoritäten als subversiv oder sogar destruktiv empfunden worden – und sie waren es auch. Man könnte dies auch als „Führung von unten" bezeichnen.

Wenn also institutionelle Autorität immer weniger nützt und auch nicht erfolgreich ist, dann stellt sich die Frage: Wozu braucht man sie noch für gemeinsame Entscheidungen? Kann in einem Gremium (Konferenz, Projektgruppe, Team, Arbeitsgruppe etc.) nicht jeder die Funktion der Führung zumindest zeitweilig übernehmen? Ist nicht oft die Position eines Vorgesetzten dafür sogar eher hinderlich? Damit läuft „Führung“ auf die Frage hinaus, wie man erfolgreich interveniert. Das erfolgreichste Instrument für Führungsinterventionen ist der Humor. Er hat den größten Einfluss, denn wer die Lacher auf seiner Seite hat, der führt – völlig egal, welche Position er sonst im Sozialgebilde hat. Es ist oft die Person des Hofnarren gewesen, dem manchmal mehr Einfluss zugeschrieben wurde als dem König. Ihm gelingt es, verfahrene Situationen zu retten, Konflikte aufzuzeigen, ein Problem auf den Punkt zu bringen, die Wahrheit wie mit einem Blitz aufleuchten zu lassen. Und all das, ohne das jemand sein Gesicht verliert, ohne dass jemand beleidigt ist.

In der Praxis finden sich bei vielen Führungskräften oft Ausreden wie: „Ja, aber in meiner Führungsposition geht das nicht, denn meine Mitarbeiter verstehen das nicht“, oder „Ich bin nicht so der Typ für Witze“, oder „Ich kann mir keine Witze merken“, oder „Wir haben im Unternehmen nicht die Kultur dafür“. Das mag alles stimmen, aber genau dann zahlt es sich vielleicht aus, weiterzulesen.

In meiner Rolle als Berater von Politikern, Vorständen, diversen Chefs oder Gruppen habe ich mich gerne in der Geschichte von Harun al Raschid wiedergefunden:

> Harun al Raschid ruft vor versammeltem Hofstaat seinen Hofnarren herbei und sagt zu ihm: „Ich werde dir jetzt drei Fragen stellen. Für jede richtige Antwort bekommst du einen Beutel Gold, für jede falsche Antwort eine Tracht Prügel.” (Also klare Honorarvereinbarungen.) Der Hofnarr stimmt zu und Harun al Raschid stellt die erste Frage: „Wer ist der gescheiteste Mann im ganzen Land?” Ohne zu zögern sagt der Hofnarr: „Das bin ich!” Der Kalif: „Wieso du?” Der Hofnarr: „Alle Welt hält dich für den gescheitesten Mann, da aber du mir eine Frage stellst, die ich beantworten soll, muss ich doch noch gescheiter sein als du!” Das leuchtet dem Kalifen ein und der Hofnarr erhält einen Beutel Gold. Die zweite Frage: „Wer ist der dümmste Mann im ganzen Land?” Wieder ohne zu zögern sagt der Hofnarr: „Der Großwesir.” Der

> Kalif zieht die Augenbrauen hoch und sagt: „Wieso kannst du den weisesten Ratgeber des Reiches als dümmsten Mann bezeichnen?" „Sehr einfach", sagt der Hofnarr, „der Großwesir lässt seine Tochter Fatme mit dem jungen Ritter Hossein ausreiten, ohne ihnen eine Begleitung mitzugeben." Da springt der Großwesir auf und sagt mit erhobener Stimme. „Der junge Ritter Hossein wird es nie wagen, sich meiner Tochter Fatme zu nähern." „Dann", sagt der Hofnarr, „gebührt der Titel des dümmsten Mannes natürlich dem jungen Ritter Hossein und nicht dem Großwesir." Nachdem auch der Kalif schon von der Affäre gehört hat, erhält der Hofnarr wieder einen Beutel Gold. Die dritte Frage: „Wer ist der ehrlichste Mann im ganzen Land?" Hier zögert der Hofnarr etwas und sagt dann: „Das bist du, oh Kalif." „Wieso ich?", fragt der Herrscher. „Weil du der Einzige bist, der es sich leisten kann die Wahrheit zu sagen, ohne bei Hof in Ungnade zu fallen."

Das Ende der Geschichte erzähle ich nicht gerne, denn der Kalif schüttelt den Kopf und sagt: „Diese Frage hast du falsch beantwortet. Der ehrlichste Mann bin nicht ich, sondern du, der sich traut mir so etwas zu sagen." Weil der Hofnarr die dritte Frage falsch beantwortet hat, lässt ihm der Kalif die beiden Beutel Gold wieder abnehmen, dafür erlässt er ihm die Tracht Prügel.

Die Rolle des Hofnarren gleicht heute einem Wanderpokal – es kann sie eigentlich jeder übernehmen (vgl. dazu Heintel, Peter 2002). Sogar der König kann sie übernehmen, wenn er kann und will und sich traut. Oder anders gesagt: Wenn er Einfluss haben will, wird er wohl müssen.

Die Hofnarren und Köche wanderten seinerzeit von Hof zu Hof und blieben dort länger oder kürzer – so wie heute auch Berater. Jemand, der zu lange in einem Sozialgebilde bleibt, wird oft integriert und kann den Vorteil, den eine externe Position bietet, nicht mehr nützen.

In seiner Heimatstadt Nazareth konnte Jesus keine Wunder tun. Ich übersetze das Wort „Wunder" an dieser Stelle mit „Beratungsleistungen erbringen". Er konnte keine Wunder tun, weil er zum System gehörte. Führungsleistungen sind daher nicht nur besser „von unten", sondern oft auch besser „von außen" zu erbringen.

Mehr als früher müssen heute bei Entscheidungen in immer komplexeren Situationen alle Aspekte eines Zusammenhangs mit einbezogen werden. Es ist sozusagen die Zeit der Kritiker, derer, die auf die Risiken und Gefahren aufmerksam machen können. Wer frühzeitig Flops erkennen kann, hat größere Überlebenschancen als jemand, der Flops ausleben muss, denn Flops kosten Geld und Zeit.

Kritik kann aber am besten in Form von Humor akzeptiert werden. Querdenker, Nonsenshervorbringer, die andere (verdrängte, verbotene) Seiten einer Wahrheit entdecken lassen, sind die eigentlich hilfreiche Seite der Kritik, der „Unterscheidung", wie die wörtliche Übersetzung von Kritik aus dem Griechischen lautet. „Krise" ist daher heute schon fast ein Dauerzustand. Irgendein Teil einer Organisation, eines Landes, eines Systems befindet sich fast immer in der Krise. Das beste Krisenmanagement ist Lachen. Hier gibt es die nötige Distanz, aber auch die nötige Motivation.

Bisher haben sich die Mächtigen vor der destruktiven Seite des Lachens gefürchtet. Wir leben heute in einer Zeit, die die konstruktive Seite des Lachens deutlicher macht als früher und die destruktive Seite beherrschen kann.

1. Das Komische: Wann lachen wir?

Es gibt unendlich viele Anlässe zum Lachen. Was ist ihnen allen gemeinsam? Ich weiß es nicht. Vielleicht gibt es gar kein Gemeinsames des Lachens. Möglicherweise durchbricht das Lachen die Logik. Oder besser: Es lässt hinter der logischen Konstruktion das Irrationale aufleuchten.

Ein Gemeinsames hat das Lachen in seiner Absichtslosigkeit: Man wird sozusagen vom Lustigen überrascht. Man „muss" lachen, es geschieht spontan – wir werden vom Lachen plötzlich eingeholt. Ein vorgeplantes, beabsichtigtes Lachen ist nicht wirklich lustig, hat wenig mit empfundenem Humor zu tun. Es ist entweder Schauspiel oder Lüge.

Bergson hat in seinem Buch über „Das Lachen" (Le rire) die philosophischen Theorien mit jemandem verglichen, der versucht eine Lampe einzuschalten, um einen Blitz besser zu sehen. Seine eigene Theorie ist leider auch nicht besser.

Auch Jean Paul sagt: *„Das Lächerliche wollte von jeher nicht in die Theorien der Philosophen gehen."*

Nachdem die Schrift des Aristoteles „Über die Komödie" leider verloren gegangen ist, gibt es bis heute keine plausible und allgemein nachvollziehbare Theorie des Komischen. Lachen gehört zu den geheimnisvollsten menschlichen Verhaltensweisen.

Vielleicht könnte man den Spruch von Augustinus über die Zeit abwandeln: *„Solange mich niemand fragt, was Lachen ist, weiß ich es, sobald mich jemand fragt, weiß ich es nicht mehr."*

Alle Denkmodelle, die die Philosophen gefunden haben, um das Lachen zu erklären, sind plausibel, stimmen aber meist nur für einen bestimmten Teil oder einen Aspekt. Anderes lassen sie unerklärt.

In den letzen Jahren hat sich die Philosophie wieder um Praxisbezug bemüht. Die Menschen suchen wieder Antworten auf ihre Fragen bei der Philosophie und den Wissenschaften. Natürlich wird immer noch kontrovers diskutiert, ob sich die Philosophie mit praktischen Problemen – wie etwa dem Lachen – beschäftigen darf, aber die Wissenschaftler, die den Elfenbeinturm verlassen wollen oder schon verlassen haben, sind – nach meiner Einschätzung – bereits in der Mehrzahl.

Damit haben sich viele der ehemaligen Kritikpunkte an den „Praktikern" weitgehend ins Gegenteil verkehrt. Heute meint man nicht mehr, dass man es in der Wissenschaft oder auch im Management nur mit „ernsten" und „seriösen" Zusammenhängen zu tun hat, sondern es gilt vielmehr, dass es sehr viele heitere und komische Ereignisse in Führungssituationen wie überhaupt im Leben gibt, denn: Je ernster eine Situation ist, desto wichtiger sind ihre komischen Seiten. Gerade autoritäre Systeme (wie etwa der Links- oder Rechtsfaschismus) haben die Witzkultur aufblühen lassen. Unterdrückte wehren sich mit Witzen. So ist etwa der jüdische Witz durch die Jahrtausende bis heute unschlagbar, aber auch die Witze im Ostblock, im Dritten Reich, in der Kirche und seit neuestem Frauenwitze haben demnach eine Art Ventil- oder Kompensationsfunktion. Komisches wird deshalb toleriert, obwohl – oder weil – es etwas Anarchisches an sich hat. Lachen zielt grundsätzlich auf Relativierung absoluter Ansprüche hin. Im Lachen kommt auch die dunkle, unterdrückte, versteckte Seite unserer Existenz heraus, und heute können wir es uns leisten diese anzusehen.

In den USA gilt Humor in der Geschäftswelt längst als wichtige Qualifikation. Humorseminare sind quasi Standard, Lachübungen, so genannte „humourobics", gehören zum täglichen Fitnessprogramm.

In der österreichischen Zeitung „Der Standard" vom 10. März 2006 fand sich folgende Notiz:

> Personalmanagerin M. B. wurde von B. N. persönlich zur mobilkom austria geholt. Sie kam wegen ‚lauten Lachens am Abend': „Vor meinem Job-Interview mit XX musste ich warten, bis ein Meeting zu Ende war.

> Aus dem Raum hörte ich lautes Lachen, um sieben Uhr am Abend. Wo gibt es so etwas, dass am Abend Meetings noch Spaß machen? Ich habe mir gedacht: Ich bin an Bord. Das Gehalt war zweitrangiges Thema."

Was kann Lachen bewirken?

Lachen wirkt auf unterschiedliche Weise, es kann – je nach Kontext – sozial konstruktiv bis destruktiv und aggressiv wirken.

Lachen hat aber auch eine heilende Kraft. Das wurde von Medizinern vor noch nicht allzu langer Zeit wissenschaftlich nachgewiesen. In allen Zeiten und Kulturen wussten die Menschen, dass durch Lachen und Lustigsein Schmerzen gelindert werden können.

Der indische Arzt Madan Kataria entwickelte im Jahr 1995 das „Hasya-Yoga", das Yoga des Lachens, und gründete in Bombay den ersten Lachclub. Drei Jahre später rief er den ersten Weltlachtag ins Leben. Seither ist das organisierte Schmunzeln und Jauchzen um die Welt gegangen, allein in Deutschland gibt es mittlerweile über 70 Lachclubs. In Kopenhagen fand im Jahr 2000 der erste Weltlachtag außerhalb Indiens statt, damals kicherten sich rund 10000 fröhliche Dänen ins Guinness-Buch der Rekorde. In vielen Medien wird inzwischen sogar die Uno als Ursprung für den Weltlachtag angesehen.

Aufgrund von Untersuchungen hat man bei den Vereinten Nationen sechs Dimensionen des konstruktiven Lachens aufgestellt:

- Lachen macht gesund,
- macht schön und erotisch,
- macht selbstsicher,
- macht erfolgreich,
- gibt Ansehen und Einfluss,
- löst Konflikte.

Es gibt heute bereits eine umfangreiche Literatur zum Sinn des Lachens. Es scheint als ob die Kunst des Komischen lehr- und lernbar gemacht werden soll. Dennoch wissen wir immer noch nicht genau, warum und worüber wir wirklich lachen. Schon in der Bibel heißt es: *„An ihren Früchten werdet ihr sie erkennen.“* Wenn die Früchte des Lachens so viele Vorteile haben, muss es uns nicht bekümmern, wenn wir keine brauchbare Theorie dazu haben. Auch würde es mich nicht stören, wenn ich lachen kann und andere bloß die Theorie dazu haben. Schon Freud hat übrigens vermutet, dass ein Buch über das Lachen nicht unbedingt zum Lachen sein muss, aber weinen sollte man über die Theorien auch wieder nicht müssen.

Wenn wir auch nicht durch eine Theorie wissen, warum wir worüber lachen, so wissen wir zumindest praktisch, wie man Menschen, die man kennt, zum Lachen bringen kann. Nach meiner Erfahrung hat jeder Mensch Humor, er muss nur aktiviert werden. Meist ist es nur eine Sache des Mutes, sich auf Komisches einzulassen. Kennt man die Menschen nicht, kann man mit einem „Witz“ durchaus ins Fettnäpfchen treten. Wir wissen nicht wirklich, was für alle lustig ist.

Ich habe mir – wie häufig – auch in diesem Fall eine Bemerkung George Bernard Shaws zu Herzen genommen: Wer etwas nicht kann, soll es wenigstens unterrichten (*„Those who can, do. Those who cannot, teach.“*).

Ich habe daher Vorlesungen und Seminare über Führen mit Humor angekündigt und dabei die Hilfe meiner „Schüler“ zur Auflösung so mancher mir rätselhafter Zusammenhänge herangezogen (somit widme ich das Buch auch ihnen).

Bevor ich aber auf die Analyse und damit unvermeidbar auch auf die destruktive und anarchische Seite des Komischen eingehe, noch eine kurze Erläuterung der „Six Doctors“ der Uno, also der konstruktiven Dimensionen des Lachens.

▶ *Lachen macht gesund,*

das hat die weltweit operierende Bewegung der „clown doctors" bewiesen. Einiges davon glauben die Biologen auch schon zu verstehen. So bewirkt Lachen z. B. eine vermehrte Ausschüttung von Endorphinen im Gehirn, was unter anderem eine gewisse Schmerzreduktion zur Folge hat. Darüber hinaus entdeckt man ständig neue Aspekte des Heilens: Es gibt schnellere Heilungen, weniger Rückfälle sowie einen harmloseren Verlauf von Krankheiten. Man spart Medikamente und zusätzliche Belastungen verschiedener Art. Die wichtigste Erklärung für dieses Phänomen liegt wohl in der besseren Ausbalancierung des Menschen, der lachen kann. Auch in der westlichen Medizin setzt sich heute immer mehr die Meinung durch, dass an der chinesischen bzw. asiatischen Grunddefinition von Krankheit (out of balance wichtiger Funktionen) „etwas dran sein" könnte. Lachen heilt, weil es (unter anderem) den Lachenden wieder in Balance bringt.

Neue physiologische Arbeiten besagen, dass beim Lachen dieselben Gehirnpartien in Aktion treten wie bei Sexualität und Drogenkonsum. Ob es sich bei Drogen vielleicht nur um einen Ersatz handelt, wenn die Menschen nichts mehr zu lachen haben?

▶ *Lachen macht schön und erotisch.*

Jeder Photograph weiß, dass seine „Objekte" lachen oder lächeln müssen, um schön zu sein. Ein Lachender ist ein begehrenswerterer Partner als ein Griesgram. Wer lacht, wirkt verführerischer, verlockender, offener und lebendiger. Von lachenden Partnern hat man das Gefühl, hinauf- und nicht hinuntergezogen zu werden. Chronische Pessimisten, die an allem etwas auszusetzen haben (womit sie übrigens meist sogar Recht haben) und dies in den Vordergrund der Bewertung stellen, sind weniger gefragt als die, die überall die positiven Seiten (die es immer auch gibt) hervorheben. Photographiert man Menschen einmal lachend und einmal ernst und legt die Fotografien Versuchsgruppen zur Alterseinschätzung vor, dann wird die lachend aufgenommene Person um fünf bis zehn Jahre jünger geschätzt als dieselbe Person mit ernstem Gesicht.

Erotisch wirkt das Lachen vor allem deshalb, weil es ansteckend wirkt. Fasst man den Begriff der Erotik allgemeiner und nicht nur sexuell, dann wirkt alles auf mich erotisch, was mich positiv stimmt und „antörnt“. Wenn diese Stimmung dann wieder zurückschlägt und auch beim „Auslöser“ eine weitere Steigerung der positiven Gefühle auslöst, kommt die „erotische Rückkoppelung“ in Schwung. Umgekehrt: Wenn niemand über unsere Witze lacht, haben wir schnell einen „Durchhänger“.

- *Lachen macht selbstsicher.*

Die durch das Lachen erreichte Selbstsicherheit ist zweistufig. In der ersten Stufe lacht man über andere und kann sich dadurch erheben – allerdings um den Preis, andere zu erniedrigen. Wenn einer relativ höher sein will, dann gelingt das nur, wenn der andere relativ niedriger ist. Viele Kabarettisten treten zu zweit auf, damit sich einer über den anderen lustig machen kann: Pat und Patachon, Dick und Doof, Farkas und Waldbrunn usw. Wilhelm Busch etwa wird nicht müde, dies in immer neuen Varianten zu beschreiben.

Dazu einige Beispiele:

Wenn andere klüger sind als wir,
das macht uns selten nur Pläsier,
doch die Gewissheit, dass sie dümmer,
erfreut fast immer.

oder

Der klugen Leute Ungeschick
stimmt uns besonders heiter,
man fühlt doch für den Augenblick
sich auch einmal gescheiter.

oder

Dummheit, die man bei anderen sieht,
wirkt meist erhebend aufs Gemüt.

Die zweite Stufe der Selbstsicherheit erreicht man aber, wenn man es nicht mehr nötig hat, sich über andere lustig zu machen, weil man es schafft, über sich selbst zu lachen. Die bei den anderen erkannten und belächelten Schwächen findet man nämlich auch bei sich selbst. Für gewöhnlich ist dies der Bereich des blinden Flecks. Wir verdrängen einen Großteil unserer Schwächen, um handlungsfähig zu bleiben. Wenn „weniger gute" Autofahrer z. B. ständig daran dächten, dass sie einen Unfall verursachen könnten, würden sie damit die Unfallgefahr erhöhen. Bei Umfragen reihen sich daher 90 Prozent der Autofahrer selbst unter die 10 Prozent der besten Fahrer ein. Ich würde den Test auch so ausfüllen – nur bei mir stimmt es wirklich!

Der Preis für diese Art Selbstsicherheit durch Verdrängung der Schwächen ist natürlich Realitätsverlust und bewirkt chronische Selbstüberschätzung. Wer über seine Schwächen aber lachen kann, der braucht sie nicht zu verdrängen und vermeidet damit den Realitätsverlust. Belächelte eigene Schwächen stören auch nicht den Handlungsablauf – sie sind sozusagen „entschärft", weil im Humor distanziert. Man gesteht sich die Freiheit zu, eine Schwäche zu haben oder einen Fehler gemacht zu haben.

Realitätsverlust ist übrigens der größte Feind für Konfliktmanagement oder Mediation. Besonders in Streitsituationen legen sich viele Konfliktparteien auf eine Seite – nämlich ihre Seite – eines Konflikts fest. Sie nehmen ihre Sichtweise als absolut richtig und einzig möglich an. Die andere Seite wird dabei außer Acht gelassen. Ob nicht unsere Logik grundsätzlich zu solchen Einseitigkeiten und damit zu Realitätsverlust tendiert? Glauben doch die meisten von uns an das zweite Axiom der aristotelischen Logik: Von zwei einander widersprechenden Aussagen ist mindestens eine falsch. Wer in dieser „rechthaberischen" Haltung verharrt, ist ein Beispiel für Humorlosigkeit. Im Extremfall wird er selbst zum lächerlichen Gegenstand des Spottes. Lachen kann hier helfen auch den eigenen Standpunkt zu relativieren. Vielleicht ist damit auch schon der nächste Punkt erklärt. Wenn man mit Lachen einen solchen Realitätsverlust vermeiden kann, dann gilt natürlich:

- *Lachen macht erfolgreich.*

Im Deutschen gibt es eine Redewendung: „Er/Sie hatte die Lacher auf seiner/ihrer Seite." Damit ist gemeint, dass man mit Beifall und hoher Zustimmung rechnen kann. Lachen überzeugt, und jemand, der andere überzeugen kann, ist erfolgreicher als einer, der das nicht kann. Diese Qualität des Lachens kommt insbesondere in umstrittenen Situationen – in die jeder geraten kann – zum Tragen. Man lässt sich nicht unterkriegen, und Erfolg ist ja oft schon ein Vermeiden des Misserfolgs. Ein lächelnder Verlierer „gewinnt" in gewisser Weise – ein wütender oder weinender Verlierer hingegen verschlimmert seine Lage noch.

- *Lachen gibt Ansehen und Einfluss.*

In einer Reihe von Märchen bekommt derjenige die Hand der Prinzessin, dem es gelingt, sie zum Lachen zu bringen. Damit rückt ein Nobody in eine angesehene Position auf. Zwar nur angeheiratet, aber immerhin: Sein Ansehen beruht auf der Fähigkeit, andere zum Lachen zu bringen. Dies wird sicher umso wichtiger sein, je weniger die Personen sonst zu lachen haben. Prinzessin zu sein war und ist sicher kein ganz einfacher Job, und so hatten und haben die Hofnarren immer großen Einfluss – bis heute übrigens, sie heißen nur heute eben „Berater" oder „Sozialwissenschaftler", „Kabarettisten" oder „Unternehmenstheater-Experten".

Das mit der Prinzessin kann – so denke ich – durchaus verallgemeinert werden. Ich kenne keine Frau, die nicht irgendwo und irgendwie auch als Prinzessin oder Königin verstanden werden möchte. Männer, die Humor haben, sind daher immer beliebter als humorlose. Humor ist möglicherweise die erfolgreichste Verführungsschiene. Fragt man Frauen und Männer nach den wichtigsten Eigenschaften ihrer Wunschpartner, steht Humor bei beiden an vorderster Stelle.

Wie wir aus der Stammesgeschichte wissen, fanden schon bei unseren entfernten Vorfahren die Weibchen immer die Alpha Position bei den Männchen attraktiver als die im Ranking einer Gruppe unterste Position. Die Fähigkeit andere zum Lachen zu bringen könnte bedeuten, dass ein Mann – wenn auch oft nur kurzfristig – in eine Alpha Position kommt und damit auch sexuell attraktiver wird. Ob dies auch umgekehrt gilt, soll später im Kapitel über das Gelächter der Geschlechter untersucht werden.

- *Lachen löst Konflikte.*

Ich würde diesen Punkt mindestens an die zweite Stelle setzen, gleich neben den Gesundheitsaspekt, denn die Lösung von Konflikten bezieht sich sozusagen auf die Gesundheit eines Sozialgebildes. Wenn es gelingt, die Konfliktparteien – idealerweiser beide oder alle – zum Lachen zu bringen, ist der Konflikt schon fast gelöst. Ohne Lachen tut man sich endlos schwer. Für Konfliktmoderatoren oder Mediatoren ist daher die Kunst der humorvollen Interventionen das A und O ihres Erfolgs. Ohne Lachen muss man ein Vielfaches arbeiten und hat geringere Erfolgsaussichten als mit Hilfe komischer Betrachtungsweisen.

Wie aber macht man als Mediator oder Führungskraft komische Interventionen? Worüber lacht man? Erst wenn wir das wissen, wird es uns gelingen, andere zum Lachen zu bringen.

Ich vermute, dass es sich mit einer Theorie des Lachens genauso verhält wie mit anderen Theorien: Jede Theorie kann bestimmte Phänomene beschreiben – oder im Zusammenhang sogar erklären –, andere aber nicht. Es gibt keine Theorie, die alles erklärt, es sei denn, man sieht komplett von der Realität ab und beschäftigt sich mit der Konstruktion allein, wie etwa in der Mathematik.

Deswegen meint auch Lichtenberg:

„Es gibt sicher viel zwischen Himmel und Erde, von dem sich die Wissenschaft nichts träumen lässt, aber es gibt leider noch mehr in der Wissenschaft, von dem sich weder im Himmel noch auf der Erde etwas findet."

Sobald wir aber die Realität zu begreifen versuchen, stellen wir fest, dass wir mehr Dinge nicht verstehen als verstehen. Trotzdem: Handeln kann der Mensch nur auf jenen (kleinen oder größeren) Teil hin, den er eben versteht.

So möchte ich im Folgenden einige Theorien des Lachens referieren, die mir brauchbar erscheinen – ein pragmatischer Ansatz:

Formen des Lachens

In unserer Zeit kommt die konstruktive Seite des Lachens wieder deutlicher heraus, aber auch die negative Seite bleibt bestehen. Gibt es daher ein gutes und ein böses Lachen?

Ist Lachen eine Sache Gottes oder des Teufels? Oder gibt es nur ein Lachen, das beide Seiten in sich enthält? Wann ist es gut, wann ist es böse? Und woher kommt das Lachen?

Verhaltensforscher meinen, dass Lachen, Grinsen, Schmunzeln etc. eine nicht aggressive Einstellung signalisieren sollen, sozusagen eine positive Grundstimmung. Dies wird wohl stimmen. Ich glaube aber, dass das Lachen stammesgeschichtlich einen sehr wichtigen Schritt des Homo sapiens in der Evolution darstellt, nämlich die Gleichschaltung einer Gruppe zu einer gemeinsamen Emotionalität. Dies ist auch eine der Voraussetzungen für gemeinsame Handlungsfähigkeit. Nur wenn eine bestimmte Situation von allen einheitlich beurteilt wird, kann die Gruppe „wie ein Mann“ handeln. Gemeinsames Lachen einer Männergruppe – womöglich mit einem gewissen aggressiven Unterton – dürfte stammesgeschichtlich auf die Jagdbande zurückgehen. Ich habe an anderer Stelle („Die ‚Heilige Ordnung’ der Männer“, 2005, S. 54 f.) auf die große Bedeutung der männlichen Jagdbande für die Entwicklung des Homo sapiens hingewiesen.

Lachen scheint eines der effektivsten Instrumente einer Gleichschaltung in einer Männergruppe zu sein. Die Tatsache, dass es meist einhergeht mit einer aggressiven Einstellung gegenüber einer anderen Gruppe (Feindattrappe) oder Außenstehenden hat sicher viel zum Eindruck beigetragen, dass Lachen eine destruktive Wirkung hat. Führen mit Humor wäre die Kunst, diese Destruktivität in eine positive, konstruktive Haltung umzudrehen.

Brauchbar sind zunächst die Anlässe des Lachens und seine soziale Funktion. Die vielen Arten des Lachens entsprechen den vielfältigen Anlässen, worüber jemand lachen kann. Dementsprechend ist die Palette äußerst reich: vom stillen Schmunzeln bis zum grölenden Gelächter. Jedes Lachen trägt außerdem die ganz individuellen Züge des jeweils Lachenden.

Eine andere Gemeinsamkeit des Lachens ist eine zeitliche: Die „Lacher“ reagieren alle auf etwas Vorangegangenes. Das Lachen bezieht sich immer auf etwas, es gibt immer ein „Warum“ des Lachens. Ein „unbegründetes“ Lachen – ohne sichtbaren Anlass – will erklärt sein, denn so ein Lachen verwirrt, irritiert oder erscheint möglicherweise sinnlos oder verrückt. Lachen ist eben sehr stark an Konvention, an Normen gebunden bzw. es ist selbst ein normsetzendes Element des zwischenmenschlichen Zusammenseins. So ist es oft recht erstaunlich, wann z. B. im Kino das Publikum lacht oder wenn auch manchmal bei „unpassenden“ Szenen Lachen zu hören ist.

Eine Form des „grundlosen“ Lachens praktiziert der indische Arzt Dr. Madan Kataria in seinen Lachyoga-Seminaren. Die Teilnehmer dieser Seminare lachen ohne Grund – einfach wie Kinder. Ich habe so ein Lachseminar bei Dr. Kataria einmal mitgemacht und finde seinen Ansatz sehr interessant. Er fängt meist zusammen mit einer zweiten Person zu lachen an. Meist schließt sich rasch ein dritter und vierter an und bald lacht die ganze Gruppe. Niemand weiß worüber, aber Lachen ist eben ansteckend. Kataria meint, dass auch Lachen ohne Grund dieselben therapeutischen Wirkungen hat wie „begründetes" Lachen.

„Begründetes" Lachen kann jedoch auch ohne einen punktuellen Anlass erfolgen, dann erklärt es sich allerdings aus der Umgebung dessen, der lacht oder lächelt. Lachen und Lächeln signalisieren eine innere Haltung – sie kann im Einklang oder auch im Widerspruch zur umgebenden Situation stehen. So ein Lächeln dient gewissermaßen als Strategie – meist als Abwehrstrategie. Der Fremde (in einer möglicherweise feindlich gesinnten Umgebung) lächelt freundlich, obwohl er eigentlich keinen Grund zum Lächeln hat. Er tut es aber, um seine Angst zu verbergen oder um seine Ungefährlichkeit zu signalisieren. Stammesgeschichtlich dürfte das Lachen aus dem Versuch entstanden sein, als freundlich und nicht böse zu gelten. Das individuelle Lachen oder Lächeln als Geste der Zuwendung und Zustimmung bekommt sofort einen anderen Charakter, wenn es kollektiv geschieht.

Wahrscheinlich muss man hier zwischen dem individuellen Lachen oder „Lächeln" als „Zustimmungsversuch" oder um sich als harmlos darzustellen und dem kollektiven Lachen einer Gruppe unterscheiden. Das kollektive Lachen oder „Auslachen" eines Feindes kann durchaus auch aggressive Züge tragen. Mit dem Mittel des „Auslachens" kann der „Gegner" massiv geschwächt werden: Wer ausgelacht wird, fühlt sich meist entblößt und schämt sich, dem wird der Boden unter den Füßen weggezogen. Lachen ist nicht weit vom Zähnefletschen entfernt. Dieselben Muskeln werden betätigt. Dementsprechend gibt es auch die Theorie, dass Lachen (im Kollektiv) ursprünglich den Sinn hatte, dem Feind Angst einzujagen.

Ich vermute, dass es sich hier um ein noch nicht erforschtes System der Energiesteigerung oder Energieschwächung in Kollektiven handelt. Lachen hat sowohl etwas mit Freundschaft (und Energie geben) als auch mit Feindschaft (und Energie nehmen) zu tun.

Obwohl die meisten Autoren (z. B. Gehlen, Plessner) Lachen für etwas allein dem Menschen Eigenes halten, glaube ich, dass es auch im Tierreich auftritt. Das aggressive „Lachen" einer Pavianherde, die mich einmal als Eindringling in ihrem Territorium mit ihren Fäkalien zu bekämpfen versuchte, habe ich heute noch im Ohr.

Die nicht zu leugnende Tatsache, dass ich mich von oben bis unten „beschissen" fühlte, löste ein „schallendes Gelächter" bei den Pavianen aus. Sie waren sich einig: „Dem haben wir es gezeigt, und wie sieht er jetzt aus!" Auch Hundebesitzer kennen die Mimik ihres Lieblings und wissen genau, wann ihr Hund „lacht". Er zieht dann nämlich die Lefzen etwas hoch. Hier muss angemerkt werden, dass sich die Wissenschaft über das Lachen bei Tieren nicht einig ist – manche deuten die Lachgrimassen bei Affen als Ausdruck der Angst.

Einer der Gründe, warum wir für das „Lachen" keine inhaltliche allgemeine Theorie finden können, liegt auch vielleicht darin, dass es zum großen Teil unwillkürlich erfolgt. Man könnte hier höchstens „Auslöser" identifizieren, und deren gibt es wahrscheinlich unendlich viele.

Interessant finde ich in diesem Zusammenhang verschiedene Geschichten, in denen darüber berichtet wird, wie man trainieren kann (und muss), in bestimmten Situationen, die zum Lachen reizen, dennoch dieser unwillkürlichen Reaktion nicht nachzugeben.

So wird berichtet, dass ein berühmter Bass mit seiner Partnerin einmal gewettet hat, sie während einer Vorstellung auf der Bühne zum Lachen zu bringen. Er gewann die Wette, und zwar mit folgendem Szenario: Seine Partnerin hatte in Wagners Ring der Nibelungen die Brunhilde zu singen. Der Sänger näherte sich ihr als Wotan, und bevor er sich auf Grund ihrer theatralischen Replik: „weiche, Wotan, weiche" wieder entfernte, flüsterte er ihr ins Ohr: „Möchtest du zum Frühstück weiche oder harte Eier?" Ihre Sentenz: „weiche, Wotan, weiche" bekam dadurch einen so lächerlichen Sinn, dass sie (bei einer Probe natürlich) aus der Rolle fiel und lachen musste.

Lachen folgt der menschlichen Eigenschaft der „mimesis" (Drang zur Nachahmung) und ist oft schwer beherrschbar. Ein Beispiel dafür konnte man in einem alten Gasthaus im 6. Wiener Gemeindebezirk, in der so genannten „Donauwelle", erleben. Dieses Gasthaus ist inzwischen Vergangenheit. Es hatte eine ältere Besitzerin, die sangesfreudige „Frau Maria". Diese pflegte einmal im Monat einen Gesangsabend zu veranstalten, bei dem ihr regelmäßig zwei Herren beistanden, ein älterer Herr und der „Heldentenor", ein Mann mittleren Alters. Alle waren meist unfreiwillig bizarr gekleidet, Frau Maria trug Handschuhe und ein luftiges Kleid, der Heldentenor einen speckigen Anzug etc.

Sie konnten alle miteinander nur sehr bescheiden singen und die Lieder waren auch nicht gerade aktuell, doch der Vortrag war von Pathos und Leidenschaft getragen, und das trug zum Komischen an der Situation noch zusätzlich bei. Das Publikum bestand aus älteren Herrschaften, aber auch aus jungen Menschen, die einfach dorthin kamen, weil es sehr lustig war, die Situation zu erleben. Wenn die drei zu singen begannen, musste irgendwann jemand lachen. Das war aber verboten, denn wer zu lachen begann, wurde vom Sohn der Lokalbesitzerin hinausgeworfen. Man musste also unauffällig in sich hineinlachen, was nicht ganz leicht war. Sobald sich der Erste nicht mehr beherrschen konnte, war sein Brüllen und Wiehern extrem ansteckend, und manchmal wurde gleich ein halbes Dutzend junger, vor Lachen sich biegender Menschen aus dem Lokal gewiesen. Dies und auch die Tatsache, dass sich das angestammte Publikum samt dem Gesangstrio nicht beeindrucken ließ, machte die Situation nur umso komischer.

Humor, Komisches, Lustiges

Obwohl man Lachen als Reaktion auffassen kann, gibt es vermutlich nichts an sich „Lustiges“. Eine Sache oder Situation wird erst durch eine bestimmte soziale Situation bzw. durch eine spezifische Betrachtungsweise „komisch“, genauso wie eine lustige Sache „ernst“ werden kann, je nachdem, in welchem Kontext sie steht oder gestellt wird. Einer Sache oder Situation, die per se nichts Lustiges oder Komisches an sich hat, eine heitere Seite abzugewinnen, ist die Leistung des Humors.

Essen zwei Kannibalen einen Clown.
Sagt der eine: „Der schmeckt aber komisch.“

An dieser Stelle sei auf den Unterschied von „lustig“ und „komisch“ eingegangen. Es ist nämlich nicht ganz dasselbe – obwohl etwas Komisches meist auch lustig ist. Aber Lustiges ist nicht unbedingt komisch. Eine lustige Geschichte muss nicht komisch sein, ein lustiger Abend, ein lustiger Mensch sind nicht unbedingt komisch. Es scheint daher das Komische eine Unterart des Lustigen zu sein.

Der Unterschied liegt meiner Meinung nach darin, dass das Komische sich jeweils auf eine Erwartungshaltung bezieht, von der die komische Person, Situation, Story etc. abweicht. Es wird etwas, was normalerweise anders verstanden oder erlebt wird, übertrieben, verfälscht, in einen Kontrast gebracht.

Das Lustige hingegen steht nicht in einem Kontrast zu etwas – es ist etwas an sich Bestehendes. Es ist am ehesten gleichzusetzen mit „originell“. Ein Original ist lustig, kann, aber muss nicht komisch sein. In dem Wort lustig steckt das Wort Lust. Lust ist etwas Ursprüngliches, ist keine Kopie von etwas. Das Komische hingegen entspricht mehr einer „komischen“ Kopie als einem Original.

Ein Witz ist lustig, weil er vielleicht geistreich ist. Er ist geistreich, weil er etwas Neues kreiert – einen Zusammenhang, eine Doppeldeutigkeit, eine Qualität einer Beziehung etc.

Das Lustige und das Komische haben aber gemeinsam, dass sie immer in einem sozialen Kontext stehen. Es gibt nichts an sich Lustiges.

Ich halte es daher auch für aussichtslos einen ultimativen Witz, den alle Menschen auf dieser Welt lustig finden, feststellen zu wollen. Witze oder komische Situationen sind eher abhängig von Kulturen, Zeiten und Situationen.

Die Theorien der Philosophen werden zwar – wie erwähnt – dem Phänomen Lachen nicht gerecht, dennoch gibt es einige für unsere Zwecke recht brauchbare Ergebnisse, die im Folgenden referiert werden sollen.

Analyse des Komischen

Um dem Komischen nicht einfach ausgeliefert zu sein – oder es auch herstellen zu können, ist es hilfreich, sich darüber Gedanken zu machen, worauf sich der Heiterkeitseffekt gründet. In deduktiver Weise soll hier versucht werden, den Humor, das Lustige und das Komische zu ergründen, um damit Instrumente entwickeln zu können, mit denen auf induktive Weise Humorvolles, Komisches, Lustiges etc. bewusst hervorgebracht werden kann. Eines oder einige der folgenden Elemente finden sich in fast allen komischen Situationen oder Witzen: Widersprüche, Übertreibung und Verfremdung, Überraschung und Aufklärung. Es lohnt sich, diese Elemente etwas näher anzusehen, sie sind dann auch für die Konstruktion oder „Erfindung“ von Witzen wichtig.

Widersprüche

Fast immer handelt es sich beim Komischen, über das wir lachen, um einen Widerspruch oder zumindest um einen Gegensatz, dessen eine Seite nicht so deutlich wie die andere zur Diskussion steht. Freud meint, dass wir diese zweite Seite verdrängt haben und der Witz sie wieder aus dem Unbewussten hervorholt.

Oftmals in unserem Leben sehen wir nur eine Seite einer Wahrheit (Aporie nennen die Philosophen eine Wahrheit, die zwei Gegensätze in sich enthält), die zweite Seite – eventuell das Gegenteil – sehen wir nicht oder nicht sofort oder verdrängen sie. Je nach aktuellem Partnerstatus geht man an die Definition Nestroys von ganz verschiedenen Seiten heran:

„Ein Junggeselle ist ein Mann, dem zum Glück die Frau fehlt."

Zum Lachen ist diese Definition immer, weil es hier egal ist, welche der beiden Seiten man verdrängt hat – was mühsam genug ist –, aber immerhin fühlt man sich in seiner Statusschwierigkeit verstanden.

Die meisten komischen Interventionen (Witze) richten sich aber nicht an beide Seiten eines Widerspruchs, sondern nur an eine. So ist etwa eine neue Definition des Junggesellen schon sehr einseitig:

„Ein Junggeselle ist ein Mann, der lieber mit Fersengeld bezahlt."

Die Hälfte der Zuhörer lacht nicht oder nur sehr gequält (es sei denn, die Leidtragenden einer Seite sind in der Mehrheit). Wenn Sie das Pech haben, das Bonmot vor Personen vorzutragen, die alle auf der anderen Seite stehen, kann es sogar sein, dass niemand lacht. Dies wäre aber ein Interventionsfehler.

Klient zum Mediator: *„Wenn ich das alles zusammenrechne, was Sie vorschlagen, kostet mich die Scheidung mehr als die Hochzeit."* Scheidungsanwalt (Mediator): *„Sie werden aber auch länger was davon haben."*

Kennen Sie auch jemanden, der darüber nicht lachen kann?

Karin Huffzky, eine engagierte Feministin, hat einseitige Witze gesammelt und unter dem Titel „Wer muss hier lachen?“ kommentiert herausgegeben. Tatsächlich lassen sich bei allen gesellschaftlich relevanten Gegensätzen die Witze auf die beiden Seiten aufteilen. Ich habe es mir angewöhnt, hier immer zwei Witze zu erzählen, sofern sie mir einfallen.

Also z. B. einen Österreicherwitz aus deutscher Sicht und einen „Piefkewitz“ aus österreichischer Sicht, einen Machowitz aus Männersicht und einen feministischen Witz aus Frauensicht, einen Unternehmerwitz und einen Arbeitnehmerwitz etc. Wenn Sie das öfter mit derselben Klientel machen, werden Sie sehen, dass mit der Zeit beide Seiten über alle Witze lachen können. Dies wäre z. B. eine erfolgreiche Intervention zur Bearbeitung der Gegensätze in einem Sozialgebilde. Man kann übrigens auch den Reifegrad einer Population testen, indem man je zwei einseitige Witze (den relevanten Konflikt betreffend) erzählt und beobachtet, wer worüber lacht.

Also etwa aus Männersicht:

Sie schläft das erste Mal bei ihm. Bei passender Gelegenheit fragt sie: „Mich würde interessieren, wie viele Frauen hier schon geschlafen haben?“ Nachdem er eine Weile stumm ist, sagt sie: „Ich höre.“ Darauf er: „Ich zähle.“

Aus Frauensicht:

Er schläft das erste Mal bei ihr. Irgendwann fragt er: „Mich würde interessieren, wie viele Männer hier schon geschlafen haben?" Darauf sie: „Solltest du tatsächlich einschlafen, wärst du der erste."

Die Technik, jeweils „Gegenwitze" zu erzählen, wenn es einseitige Witze (Rassen-, Schüler-, Psychologenwitze etc.) gibt, hat sich übrigens sehr bewährt, wenn es darum geht, eine Gruppe auf Konfliktbearbeitung vorzubereiten.

Die Geschichten können auch zeit- und kulturspezifisch stark variieren. Als ich das erste Mal vor 30 Jahren nach Afrika kam, waren die „Negerwitze", die sich Weiße erzählten, Legion. Der Witz war meist das Unverständnis der Afrikaner für komplexe (vor allem technische) Zusammenhänge. Heute machen sich die Afrikaner über die Technikfixiertheit der Weißen lustig:

Stehen zwei Watamus (Weiße) an einem Flussufer in der Wildnis und sehen ein Krokodil ins Wasser gleiten. Sagt der eine zum anderen: „Hast du gewusst, dass Lacoste jetzt auch schon Surfbretter erzeugt?"

Die Technik des Aufdeckens oder „Ent-Deckens" einer zunächst nicht sichtbaren Seite einer Begebenheit oder Sache überrascht und dieses Überraschungsmoment wird als lustig empfunden – man ist Mitspieler bei einem kreativen Moment. Die „Freude" darüber ist umso größer, je treffender die Neu-Entdeckung die vorher betrachtete Seite ergänzen kann.

Die Werbung bedient sich solchen Humors sehr gerne. In diesem Fall besteht der Genuss von Werbung im Miterleben eines Überraschungsmoments, das die dargestellte Situation treffend „aufdeckt" oder ergänzt.

Dazu eine kurze Anekdote (als Werbung des Creativ Club Austria CCA im Standard vom 4. Dezember 2001):

> „Ein Werbetexter war an einem sonnigen New Yorker Frühlingstag auf dem Weg in seine Agentur in der Madison Avenue", erzählte vor Jahren der legendäre Bill Bernbach angehenden Kreativen. „Im Central Park blühten die Bäume. Am Parkausgang bemerket er einen blinden

> Bettler, der neben seinem Hut ein Pappschild stehen hatte. Die Aufschrift lautete: Ein Blinder bittet um Ihre Spende. Vielleicht hatte unser Werbetexter kein Geld eingesteckt, vielleicht war er auch geizig, jedenfalls spendete er keinen Dollar. Aber er fragte den Blinden, ob er ihm ein neues Pappschild schreiben darf. Es waren nur wenige Worte, die er schrieb. Und der blinde Mann konnte auch nicht lesen, was jetzt auf dem Schild stand. Er bemerkte nur eines: Seitdem er das neue Schild hatte, flatterte ein Dollarschein nach dem anderen in seinen umgedrehten Hut.“
>
> „Auf dem Schild“, so berichtete Bill Bernbach, „stand geschrieben: ‚Es ist Frühling und ich bin blind.'“

Diese Technik machten sich schon vor 2500 Jahren die Taoisten zunutze, weshalb ich vermute, dass sie eigentlich eine Unterabteilung des oben zitierten Gegensatzkontextes (Aporie) darstellt.

So schreibt etwa der Taoist Dschuang Dsi:

> „Mit einem Brunnenfrosch kann man nicht über die Weltmeere diskutieren, denn er kennt nur seinen Brunnen. Mit einer Eintagsfliege kann man nicht über Jahreszeiten diskutieren, denn sie lebt nur einen Tag. Mit einem Fachmann kann man nicht über das Leben diskutieren, denn er kennt nur sein Fachgebiet.“

Übertreibung und Verfremdung

Ein weiteres Element des Komischen ist das unerwartete Verfremden oder Übertreiben eines Teilaspekts. Dies ist eigentlich ein Trick, mit dem die Zauberer arbeiten. Sie lenken die Aufmerksamkeit auf einen bestimmten Zusammenhang, der aber nicht wesentlich und auch nicht das Ziel ihrer Demonstration ist. Inzwischen bereiten sie einen anderen – unbewachten – Aspekt auf, der dann das Publikum überrascht, wenn er plötzlich sichtbar wird.

Sagt eine Frau zu ihrem Mann: „Eine innere Stimme sagt mir, du säufst zu viel.“ Sagt der Mann: „Was? Eine innere Stimme hast du auch noch?“

Man könnte dies auch als Komik der „getäuschten Erwartung" bezeichnen: *„Man soll nichts auf morgen verschieben, was man nicht auch noch übermorgen tun kann."*

Wir lachen über den zweiten Teil dieses von der Faulheit in sein Gegenteil verkehrten Sprichworts nach W. Rullmann deshalb, weil wir in unserer Erwartung getäuscht wurden. Beispielhaft auch jenes bekannte Rezensionsurteil von Hegel über einen Konkurrenten: „Dieses Buch enthält viel Gutes und viel Neues – nur schade, dass das Gute darin nicht neu und das Neue nicht gut ist." Dieses Urteil erzeugt seine komische Wirkung durch einen „Erwartungskontrast". Auch die Verbindung sonst nicht zusammengehöriger Vorstellungsreihen wirkt komisch:

Als Pythagoras seinen Lehrsatz gefunden hatte, opferte er eine Hekatombe. Seitdem zittern alle Ochsen, sooft eine neue Wahrheit entdeckt wird.

Dasselbe gelte auch von jener „tiefen" Bewunderung der Astronomie. Lichtenberg belauscht einen Sohn, der zu seinem Vater sagt:

„Dass man weiß, wie weit die Sterne von der Erde entfernt sind, verstehe ich ja noch, aber wie hat man herausgefunden, wie sie heißen?"

Zum Lachen können ferner witzige Vergleiche sein:

> Drei neue Lokomotiven einer Lokalbahn sind zu benennen. Es wird der Vorschlag gemacht, sie auf den Namen Luther, Isolani und Galilei zu taufen. Warum? Sehr einfach: Bei dem Namen Luther denkt man an sein Wort: „Hier stehe ich und kann nicht anders." Bei Isolani: „Spät kommt ihr, doch ihr kommt." Und bei Galilei: „Und sie bewegt sich doch."

Zum Schluss sei auch noch das Wortspiel angeführt:

„Wie geht's?", fragt der Blinde den Lahmen. „Wie Sie sehen!", sagt der Lahme zum Blinden.

Worauf immer der komische Effekt im Einzelnen zurückgeführt werden kann, der Sinn eines Sprichwortes muss nachvollzogen werden. Auch wenn dieser Sinn ein verdrehter sein sollte oder gar „Unsinn", so müssen wir doch eben diese Verdrehtheit oder den Unsinn bewusst mit vollziehen, um über das Komische an der Wendung oder Situation lachen zu können – wenn wir lachen. Jemand, der einen Witz nicht „versteht", wird kaum über denselben lachen können. Deshalb sagt Plessner: *„Das Komische ... wendet sich ... nicht allein an unsere Sinne, sondern an unsere Auffassung und unser Verständnis."*

Auch die Verbindung von „nicht zusammengehörigen Vorstellungsreihen" muss als solche reflektiert werden. Man muss in unserem Beispiel wissen, dass eine Hekatombe aus 100 Stück Rindvieh besteht und muss sich des Doppelsinns des Begriffs „Ochsen" im Zittern vor Wahrheit und in der Zugehörigkeit zur Hekatombe bewusst sein. Auch hier zeigt sich das Lachen als Reflexionsphänomen.

Bei dem Witz mit der Lokalbahn wird der Leser oder Hörer desselben ebenfalls langsam auf den Zusammenhang des Vergleichs aufmerksam gemacht, und erst im Nachvollziehen desselben kann er lachen. Man kann diese Beispiele natürlich beliebig vermehren, es wird aber immer dasselbe dabei herauskommen: Lachen ist in seinem Wesen Sinnvollzug, der einen überraschenden Kontrast darstellt.

Lachen ist somit eine Form der Reflexion, aber offenbar eine nicht bloß verstandesmäßige. Es erfasst insbesondere die Emotionen, etwa so, wie ein Orgasmus meist den ganzen Menschen sozusagen mit Leib und Seele erfasst. Vielleicht ist Lachen etwas, was auf der Ebene der Emotionen der Reflexion auf der Ebene des Verstandes entspricht. Viele Definitionen gehen in diese Richtung: *„Humor ist keine Gabe des Geistes, er ist eine Gabe des Herzens.“*

Der Überraschungseffekt

Dieses Element des Komischen haben wir schon bei den ersten beiden Aspekten behandelt. Hier handelt es sich vielleicht nur um eine neue, zusätzliche Betrachtungsweise.

Das Umschlagen einer Wahrheit ins Gegenteil kann natürlich auch überraschen. Frauen, die sich ärgern, dass in der jüdisch-christlichen Mythologie zuerst der Mann erschaffen wurde und dann erst die Frau, können sich damit trösten, dass sie sagen: *„Wenn man das Ergebnis betrachtet, sieht ‚Mann‘, dass auch der Schöpfer dazulernen kann.“*

Das letzte Beispiel zeigt, warum es gut ist die Lacher auf seiner Seite zu haben: Mit der Pointe wird aus einer Unterlegenheitssituation eine Überlegenheitssituation. Wie macht man aus einer schlechten Sache eine lustige und damit gute Sache?

Der wichtigste Punkt dabei ist sicher das Ordnungssystem, durch das ich in die schlechtere Position gekommen bin, in Frage zu stellen.

Nestroy: *„Wenn alle Stricke reißen, häng' ich mich auf.“*

Man hat in der Geschichte immer wieder versucht, solche Tendenzen, die ein System sprengen, sozusagen rein zu isolieren und zu formulieren: *„Ein Kreter sagt, alle Kreter sind Lügner.“*

Bei einem Frisör kann man ein Schild lesen, auf dem steht: *„Ich rasiere alle, die sich nicht selbst rasieren.“* Wie beantworten Sie dann die Frage: Was ist, wenn er sich selbst rasiert?

In den meisten lustigen Interventionen gibt es natürlich nicht so reine Systemüberschreitungen, sondern meist viel harmlosere:

Zwei Arbeiter stehen auf einem Gerüst: „Hast du die Fliege gesehen?“ „Nein.“ „Ich auch nicht.“ „Hören wir auf zu arbeiten, wir sehen nichts mehr!“

Diese Systemüberschreitungen haben das Lachen immer in Richtung der Hierarchien gerichtet und allen Machthabern Angst gemacht, weil sie darauf bedacht waren und sind, das System zu stabilisieren. Ewald Krainz hat in seiner Arbeit „Über den Umgang mit dem Unerwarteten“ diesen Zusammenhang erklärt:

„So zeigt sich das Unerwartete z. B. im Witz. Die Witzigkeit des Witzes besteht gerade darin, dass irgendetwas Unerwartetes auftaucht, sodass sich gewissermaßen ein kognitiver Kurzschluss herstellt, der sich affektiv entlädt – in Form von Gelächter. Nicht alles, was ‚nicht schlecht' ist, ist aber deshalb schon ‚gut'. Das zeigt sich sogar beim Witz, der tiefenstrukturell betrachtet durchaus seine bedrohlichen Seiten hat, immerhin bringt er homöostatisch eingespielte psychische Balancen durcheinander, und das Lachen gilt der Psychoanalyse ja als ein Abwehrmechanismus (wenn auch als der ‚reifste')."

Der Aufklärungseffekt

Man bringt die Zuhörer/Zuseher in eine unangenehme Gewissheit – sie meinen z. B. sich total blamiert zu haben. Nach längeren Umwegen schließlich stellt sich dann heraus, dass die Blamage einkalkuliert war – ein erleichtertes Lachen folgt.

Genauso „freut“ man sich und lacht, wenn man z. B. ein Rätsel richtig gelöst hat oder einem Trick auf die Spur gekommen ist. Da können sich ernsthafte Erwachsene wie Kinder freuen, wenn sie die Strategie eines Spiels durchschaut haben, wodurch sie nun sicher „gewinnen“ können.

2. Die Formen des Komischen

Nicht alle Situationen vertragen es, reflexiv überhöht zu werden, und für die, in denen es sinnvoll ist, eignen sich nicht alle Formen des Komischen in gleicher Weise. Es ist für den Anfänger in Sachen „humoris causae" leichter, eine Situation ins Komische zu wenden, als Humor zu produzieren. Betrachtet man das Herstellen komischer Situationen als Führungsinstrument, so hat man eine gewisse Auswahl an Instrumenten. Man muss sich die Frage stellen, welche Form des Komischen wofür am besten geeignet ist. In der philosophischen Tradition unterscheidet man zwischen Ironie, Schadenfreude, Spott, Hohn, Sarkasmus, Zynismus und Humor.

Ironie

Die Ironie ist seit Sokrates ein literarischer und philosophischer Grundbegriff. Trotz unterschiedlicher Ausprägungen scheint Ironie den Sinn zu haben, durch „Understatement" einem direkten Konflikt zu entgehen und doch ein Problem anzusprechen oder sogar auf den Punkt zu bringen. Das griechische Wort Eirene heißt übersetzt: Friede.

Eine häufig zitierte Definition der Ironie von K. Reinhard lautet: „Überlegenheit im Schein der Unterlegenheit". Sie greift meines Erachtens aber etwas zu kurz, da sie die kommunikative Situation ausklammert und damit vor allem den von Sokrates doch deutlich reklamierten pädagogischen Wert der Ironie („Mäeutik"– Philosophie als Hebammenkunst) nicht berücksichtigt. Ironie wirkt nur innerhalb einer Beziehung. Es gibt keinen ironischen Satz an sich – Ironie muss immer auf ein Gegenüber treffen. Das muss bei

Witzen nicht der Fall sein – ein Witz kann sich auf allgemeine Normen, auf Vorurteile, auf Missverständnisse gründen, aber nicht unbedingt auf ein Du.

Ich erinnere mich daran, wie mich die Ironie eines Stationsvorstehers der Österreichischen Bundesbahn einmal hart getroffen hat. Ich war knapp nach meinem Doktorat in Philosophie noch einmal als Skilehrer mit einer Gruppe im Toten Gebirge. Auf der Rückreise versäumten wir wegen einer Verspätung des Lokalzuges in Attnang-Puchheim den Anschlusszug nach Wien.

> Es war etwa 14:30 Uhr, als der Stationsvorsteher bei unserer Gruppe am Bahnsteig vorbeiging und von mir gefragt wurde, wann der nächste Zug nach Wien ginge. Er sagte, um 18:30 Uhr. „Was?“, sagte ich erschrocken, „und vorher geht keiner?“ Der Stationsvorsteher warf sich in Pose und sagte: „In Attnang-Puchheim geht nie ein Zug vor dem nächsten!“

Das Gelächter meiner Skischüler, die den Skilehrer und frisch gebackenen Doktor der Philosophie mit dem Understatement des Stationsvorstands über Logik belehrt sahen, habe ich noch heute im Ohr. Die Ironie liegt hier in der Einschränkung *„In Attnang-Puchheim ... geht nie ein Zug vor dem nächsten!“*

Sokrates schrieb der Ironie eine pädagogische Bedeutung zu, weil sie eben an ein Gegenüber gerichtet ist und dieses zur Reflexion der Widersprüche zwingt. Hegel etwa beurteilt die sokratische Ironie in dieser Hinsicht positiv. Er sieht schon in der Ironie die spätere Dialektik: „Die sokratische Ironie hat schon die subjektive Gestalt der Dialektik … aus jedem bestimmten Satze oder aus der Entwicklung entwickelt er das Gegenteil dessen, was der Satz aussprach“ (Geschichte der Philosophie, Erster Teil, 2. Kapitel B1, S. 60).
Leonardo da Vincis Mona Lisa lächelt „ironisch“ – so wird es von einigen Kunstverständigen behauptet. Das zeugt davon, wie sehr diese Mona Lisa ihren Betrachter „ansieht“ und dieser sich mit dem Gemälde in Beziehung setzt – ansonsten könnte wohl niemals Ironie empfunden werden.

Wird allerdings die Ironie zum Prinzip gemacht (wie das Hegel bei einigen seiner Konkurrenten vermutet, z. B. bei Fichte, Schlegel), dann gerät sie zur subjektiven Eitelkeit:

„Die Ironie ist das Spiel mit allem; dieser Subjektivität ist es mit nichts mehr Ernst. Sie macht Ernst, vernichtet ihn aber wieder und kann alles in Schein verwandeln.“

(Geschichte der Philosophie, S. 63)

Hier spricht Hegel von der Interventionskraft der Ironie. Ich würde diese aber verallgemeinern: Alle Formen des Lachens stellen eine starke Intervention dar, die gezielt und richtig dosiert eingesetzt werden muss. Es ist aber nicht sinnvoll, alles und jedes durch Ironie ins Lustige verkehren zu wollen. Trotzdem scheint es mir wichtig, das Handwerkszeug der Ironie zu beherrschen (Erläuterungen im dritten Teil des Buches).

Dazu einige Beispiele:

> In einer Diskussion unter Gelehrten: „ ... damit haben wir nun ein perfektes System gefunden ... das Problem zu lösen.“ Ein anderer: „Da gratuliere ich Ihnen aber, Herr Kollege, weil sonst ist nämlich nichts perfekt auf der Welt.“

Bevorzugtes Anwendungsgebiet der Ironie als Führungs- und Interventionsinstrument wird daher auch jede sich selbst überschätzende Überheblichkeit sein. Auch ideologische Verfestigungen können vielleicht so zur Reflexion gezwungen werden.

> In der ehemaligen Sowjetunion sagt ein Redner auf einer Festveranstaltung großspurig: „Der Kommunismus wird den Kapitalismus überleben. In zehn Jahren hat jeder Kolchosbauer sein eigenes Auto, in 20 Jahren sein eigenes Flugzeug.“ Meldet sich ein Kolchosbauer zu Wort: „Wozu Genosse brauche ich ein eigenes Flugzeug?“ Der Funktionär denkt einen Moment nach und sagt dann: „Stellen Sie sich nur vor, lieber Genosse, es steht heute in der Prawda, dass es morgen Zucker in Wladiwostok gibt ...“

Aber auch ein „Gegenwitz“ hat ideologischen Hintergrund:

> In der Wallstreet betritt ein Herr die Chase Manhattan Bank, geht zum Schalter und sagt: „Geben Sie mir sofort hunderttausend Dollar, Sie Arschloch.“ Der Schalterbeamte ist empört, geht zu seinem Chef und sagt: „Da ist ein Herr, der sagte, geben Sie mir sofort hunderttausend Dollar, Sie Arschloch. Muss ich mir das gefallen lassen?“ Der Chef fragt: „Ist es ein Kunde von uns?“ „Ja“, sagt der Schalterbeamte. „Wie viel hat er auf dem Konto?“ Der Schalterbeamte: „Etwa zehn Millionen.“ „Dann gehen Sie sofort hinaus und geben ihm die hunderttausend Dollar, Sie Arschloch.“

Die Ironie setzt aber, um erfolgreich zu sein, ein feines Sensorium für die Kritik voraus. Alle emotionalen Verfestigungen sprechen darauf nicht an. Allerdings muss man auch warten können. Ich habe schon öfter erlebt, dass ein Diskussionsteilnehmer erst nach einer Weile plötzlich lächelte und sagte: „Ich habe die Ironie schon verstanden. Meinen Sie tatsächlich, dass...“. Meist braucht man aber für Interventionen eine stärkere Dosierung, wie etwa die nächste Form:

Schadenfreude, Spott und Hohn

Diese überwiegend als destruktiv angesehenen Formen des Lustigen beruhen vermutlich auf einem archaischen Muster, das den Selektionsdruck verstärkt: *„Wer den Schaden hat, braucht sich um den Spott nicht zu sorgen.“* Man spricht von höhnischem Gelächter, spöttischem Grinsen, schadenfroher Genugtuung etc.

Alle drei destruktiven Formen des Lustigen basieren auf einer kommunikativen Intervention. Man hat einen bestimmten Adressaten, dem Schadenfreude, Spott oder Hohn gilt.

Wilhelm Busch hat es wieder einmal auf den Punkt gebracht:

Nachbar Nickel ist verdrießlich,
Und er darf sich wohl beklagen,
Weil ihm seine Pläne schließlich
Alle gänzlich fehlgeschlagen.

Unsre Ziege starb heut morgen.
Geh und sag's ihm, lieber Knabe!
Dass er nach so vielen Sorgen,
Auch mal eine Freude habe.

Schadenfreude, Spott und Hohn haben offenbar kompensatorischen Charakter. Alte Wunden sowie Kränkungen können so besser ertragen werden. Es geht nach dem Motto: Wie du mir, so ich dir! Auch Nietzsche erklärt die Schadenfreude damit, *„dass ein jeder in mancher Hinsicht sich schlecht befindet, Sorge oder Neid oder Schmerz hat: der Schaden, der den anderen betrifft, stellt diesen ihm gleich, er versöhnt seinen Neid"*.

Besonders ausgeprägt findet man bei Kindern die „Waffe" der Verspottung. Kinder sind noch nicht dem Normensystem so stark verpflichtet wie die Erwachsenen und daher den archaischen Mustern und Antrieben näher. Uns kommt es oft erbarmungslos vor, wie Gebrechen verspottet werden. Wer zu dick ist oder zu dünn, hinkt oder stottert, kann sicher sein, dass die anderen (Kinder) über ihn lachen.

Dieses Lachen hat natürlich eine Reihe sozialer Funktionen. Die älteste ist vermutlich der Selektionsdruck: Alle, die ein abweichendes Verhalten (oder Äußeres) aufweisen, gefährden die Gruppenidentität und wurden ursprünglich von den Raubtieren eliminiert. Ich habe in Afrika beobachten können, dass Raubtiere (z. B. Löwen oder Geparden), die Jagd auf eine Gruppe (z. B. Gazellen) machen, nicht immer das langsamste oder schwächste Tier reißen, sondern jenes, von dem die anderen Mitglieder der Herde zurückweichen. Das Signal für die „Freigabe" als Nahrungsquelle für die Raubtiere kommt also nicht nur aus der Natur (Krankheit, Schwäche), sondern auch aus der Gruppe. Ich weiß natürlich nicht, warum eine Herde eines ihrer Mitglieder „im Regen" stehen lässt. Das Raubtier führt jedenfalls meist nur den „sozialen" Wunsch der Gruppe aus. Ähnliches habe ich auch schon oft in menschlichen Gruppen beobachten können. Meist sind mir auch hier die Gründe, warum jemand fallen gelassen wird, nicht oder jedenfalls nicht sofort einsichtig. Auf der Metaebene der Gruppendynamik kann ich die Prozesse, die zu einer Außenseiterposition führen, gelegentlich rekonstruieren. Heute wird dieses archaische Muster unter anderem auch unter der Bezeichnung „Mobbing" diskutiert.

Vermutlich wurde dieses Muster im Laufe der Evolution kontraproduktiv, als das Überleben des Homo sapiens eher durch intensive Kooperation mit gegenseitiger Hilfe gewährleistet werden musste. Insbesondere in arbeitsteilig organisierten Gruppen kann man nicht auf jemanden verzichten, der in irgendeinem Punkt eine Schwäche zeigt, und daher ist im Normensystem – gegen die Natur – Hilfestellung verankert. Wie die Verhaltensforscher herausgefunden haben, ist – vermutlich schon in unseren Genen – auch die Tendenz zur Kooperation enthalten (vgl. F. de Waal: „Der Affe in uns"). Diese beiden Muster könnten aus stammesgeschichtlich unterschiedlichen Entwicklungsphasen des Homo sapiens stammen.

Abweichendes Verhalten, speziell ein überraschend auftretendes Ereignis – jemand rutscht aus – löst bei uns reflexartig, nach archaischem Muster, ein Aus-(Hinaus-) Lachen aus, das schneller oder langsamer unterdrückt wird. Warum? Wahrscheinlich freuen wir uns unmittelbar, dass dies nicht uns passiert ist. Lachen wäre demnach eine Art Abwehr von Betroffenheit. In Qualtingers Satire über den Herrn Karl lässt er diesen beim Registrieren eines fremden Unglücks zu sich selbst sagen: *„Karl, du bist es nicht."*

Der kleine Franzi kommt weinend zur Mutter. „Was ist los, warum weinst du?" „Weil sich der Papa mit dem Hammer auf den Daumen g'haut hat." „Aber da brauchst doch du nicht zu weinen." Franzi: „Ich hab eh zuerst gelacht."

Die positive Seite von Schadenfreude, Spott und Hohn ist die Relativierung absoluter Ansprüche hoheitsvoller oder erhabener Zumutungen. Insbesondere das Pharisäertum oder die Heuchelei bereiten großes Vergnügen, wenn sich herausstellt, dass sie selbst nicht besser sind als diejenigen, über die sie sich erhoben haben (Schmiergeldaffären von „sauberen" Politikern, klerikale Sex-Skandale etc.).

Ein Buch etwa, das sich mit „kleinen Geschichten" von „großen Denkern" beschäftigt, hat den Titel: „Als Schopenhauer ins Rutschen kam". Ähnliche Geschichten gibt es über Könige, Päpste, Diktatoren, Dichter etc. Es tut dem Otto Normalverbraucher offensichtlich gut, „gescheite Leute", Respektspersonen oder irgendwelche Berühmtheiten in ungeschickten bis peinlichen Situationen beobachten und erleben zu können. Etliche TV-Sendungen beziehen ihren Unterhaltungswert aus so genannten „Hoppalas" prominenter Menschen. Die Erklärung findet sich sicher in unserer widersprüchlichen Emotionalität:

Wir wollen die Vorbilder einerseits bewundern, anbeten etc. – sie müssen also anders sein als wir, damit sie sich als Vorbilder eignen. Zugleich sollen sie nicht so weit von uns weg sein, weil sonst Identifikation nicht mehr möglich ist.

Graf Rudi trifft Graf Bobby auf der Kärntnerstraße: „Servus Bobby, wo gehst du denn hin?" „Ins Puff." „Und warum hast du da ein Gebetsbuch unterm Arm?" „Na ja, kann schon sein, dass ich über Sonntag bleibe."

In einem altösterreichischen Rechtsbuch stand:

„Schießen auf einen Beamten: 6 Jahre Haft
Schießen auf einen Minister: 15 Jahre Haft
Schießen auf einen Bischof: 25 Jahre Haft
Auf den Kaiser darf überhaupt nicht geschossen werden!"

In der Relativierung überzogener Ansprüche liegt das Potenzial für spöttische Interventionen.

In einem großen Unternehmen, für das ich arbeite, hat mir letztens jemand zugeflüstert:

„Mein Chef ist ein Wunderkind. Er war mit sechs Jahren schon so intelligent wie jetzt."

Übertreibt einer die Sparsamkeit, dann sagt man von ihm: *„Er wurde aus Schottland wegen Geiz ausgewiesen."*

Zahlt der Arbeitgeber schlecht und rechnet er mit diesbezüglicher Diskretion, so könnte sich folgender Wortwechsel abspielen: *Vorgesetzter: „Sagen Sie niemandem, wie viel Sie verdienen." Darauf der Mitarbeiter: „Keine Angst, ich schäme mich für mein Gehalt genauso wie Sie."*

Schadenfreude, Spott und Hohn sollten durch Vorhalten eines Spiegels zur Reflexion zwingen.

„Mein Chef sagt immer, das beste Bier, das es gibt, ist das Porsch Bräu." „Aber das heißt doch „Pschorr-Bräu". „Ja, schon, aber das kann er nicht sagen, sonst fällt sein Gebiss heraus."

Vor einem schielenden Richter stehen drei Angeklagte. Sagt er zum ersten: „Wie heißen Sie?" Darauf antwortet der zweite: „Ferdinand Müller." Der Richter etwas indigniert zu ihm: „Sie habe ich ja gar nicht gefragt." Darauf der dritte: „Ich habe ja auch nichts gesagt."

Bei Konfliktinterventionen habe ich schon oft erlebt, dass das (lustige) Ansprechen eines Fehlers, den alle kennen, der aber bisher tabu war, diesen besprechbar macht und damit eine Integration des Außenseiters in die Gruppe ermöglicht. Der Fehler wird zwar nicht beseitigt, aber er ist im sozialen Sinn nicht mehr diskriminierend. Oft ist es erst über die „komische“ Schiene möglich, den belastenden und daher tabuisierten Mangel oder Fehler bei jemandem „ernsthaft“ zu besprechen.

Bei einem Direktor, der sich überall einmischt und damit die Hierarchie und die Position seiner Mitarbeiter als Führungskräfte untergräbt, habe ich manchmal Erfolg, wenn ich sage: *„Ich glaube der NN kann keine Faust mehr ballen!“ Alle schauen fragend und ich löse auf: „Weil er überall seine Finger drinnen hat.“* Das Problem wird meist im Anschluss an das Gelächter besprechbar.

Bei einem Chef, der seine Mitarbeiter über Gebühr ausnutzt – was sich ihm aber niemand zu sagen traut –, erzähle ich gerne: *Ich kennen einen Chef, der letzthin einen Mitarbeiter ganz aufgebracht gefragt hat: „Wo waren Sie gestern?“ Der Mitarbeiter: „Aber ich habe Ihnen doch gesagt, dass ich heirate.“ Chef: „Aber doch nicht den ganzen Tag.“* Wichtig ist, dass auch die Chefs dabei lachen müssen.

Parodie und Satire

Parodie ist griechisch (parodia) und Satire ist lateinisch. Beide meinen „Spottgesang“. Es ist möglich, dass auch der lateinische Ausdruck auf das griechische Satyrspiel zurückgeht oder zumindest davon inspiriert wurde. (Berühmt ist etwa das Satyricon des Petronius Arbiter.)

Beide Ausdrücke bezeichnen die literarische Form von Ironie, Spott und Hohn. Hier werden die verschiedenen Methoden, Komisches zu produzieren (also Kontrast, Überraschung, Untertreibung, Übertreibung etc.), dazu verwendet, prominente literarische Figuren ins Lächerliche zu ziehen. Bei den Griechen hat man etwa nach einer Tragödie die hochgestochenen Verse des Sophokles in Alltagssprache in Prosa wiederholt oder man lässt gewöhnliche Menschen oder gar Diebe und Huren prosaische Dinge in homerischen Hexametern deklamieren. Parodie und Satire sind jedenfalls gleichzeitig mit dem Erhabenen der Tragödien aufgetreten und gehörten als Kontrastprogramm auch dazu.

In unseren Tagen ist durch die verschiedenen Formen des Theaters – wie z. B. des Business-Theaters – diese Tradition wieder modern geworden. Auch lustige Abende bei Kongressen oder die Einladung eines Kabarettisten zu Tagungen haben wohl den Sinn, ein Gegengewicht zu all dem Ernst des Geschäftslebens herzustellen. Wird keine offizielle Gelegenheit geboten, den Ernst der Arbeit und möglicherweise auch die Ernsthaftigkeit der Chefs zu parodieren, dann werden die Mitarbeiter abends etwa beim Bier – inoffiziell und „verboten" – alle Versuche, den Chef zu imitieren oder zu parodieren, beklatschen und mit ihrem Gelächter das Gleichgewicht von ernst und unernst wieder herstellen.

„Jedes allzu tugendhafte Verhalten von Protagonisten ruft nach Parodie", schrieb L. Ricobani schon im 18. Jahrhundert. Auch folgender Schüttelreim meint es nicht ernst mit der Tugend:

„Man konnte schon in Jugendtagen
mich mit dem Worte Tugend jagen."

Für Interventionen eignen sich diese Formen des Komischen hervorragend. Mir ist bei meinen gruppendynamischen Arbeiten schon sehr früh aufgefallen, dass ich oft großes Gelächter auslöste, wenn ich Aussagen von Gruppenmitgliedern – wörtlich von mir notiert – hinterher noch einmal referierte. Ich musste hier weder etwas verändern noch kommentieren oder den Tonfall wechseln – einfach die Wiederholung (als Technik) durch mich führte zum Lachen. Natürlich habe ich diese Erkenntnis dann später ausgenützt, indem ich auch innerhalb einer Gruppe – als Trainer – bestimmte Aussagen wiederholte oder mehrere Aussagen zusammen wiederholte: *„Herr X sagt: Wir kommen hier nicht weiter, Frau Y sagt: Wir stecken fest, aber Herr Z sagt: Wieso, wir reden über die Raumfahrt, und da sind wir doch gut unterwegs."*

Ich merkte dann bald, dass sich der Lerneffekt des „Spiegel-Vorhaltens" noch steigern ließ, wenn man bestimmte Elemente verfremdet oder übertreibt. Dies wäre aber dann bereits

Sarkasmus

„Unter Eunuchen ist der Eineiige König."

So ein Satz hilft fast immer, um bei Machtkämpfen in Gruppen etwas zu verändern. Die Gruppe lacht und ist dann oft in der Lage, gemeinsam gegen den Dominator vorzugehen.

Ich glaube, einmal ein Unternehmen durch eine sarkastische Intervention gerettet zu haben. In einer von mir begleiteten Vorstandssitzung versuchten die Direktoren zunächst dem Chef vergeblich beizubringen, dass die Zahlen katastrophal seien und man unbedingt etwas unternehmen müsse. Der Chef sah aber keinen Handlungsbedarf und berief sich auf die – bisher gute – Vergangenheit.

Ich intervenierte dann mit der Bemerkung: *„Sie kommen mir so vor wie einer, der in einem fallenden Aufzug steht, weil das Seil gerissen ist – und der bei jedem Stockwerk, bei dem er vorbeifällt, sagt: ‚Soweit ging's gut.'"* Der Chef war sehr erschrocken über diesen Vergleich und fragte dann seine Kollegen: *„So schlimm ist es tatsächlich?" „Ja"*, sagten die anderen, und dann hörte er zu. Man beschloss die dringend notwendigen Maßnahmen.

Sarkasmus geht über Ironie oder Spott hinaus, indem auch noch Konsequenzen aufgezeigt werden. Im Sarkasmus steckt meines Erachtens auch noch ein Handlungsappell. Die Übertreibung oder Verfremdung durch das sarkastisch Komische zeigt den Weg auf, der gegangen werden muss, um das Problem zu lösen. Beides sind Möglichkeiten emotionale Distanz zu schaffen und eine Situation, die einem sehr nahe geht, eben wie ein „Fremder" zu betrachten und neue Schlüsse zu ziehen bzw. Erkenntnisse zu gewinnen.

Die berühmteste sarkastische Bemerkung ist sicher die des römischen Hauptmanns, der zu Jesus am Kreuz sagte: *„Wenn du Gottes Sohn bist, dann befrei' dich doch und steige herab vom Kreuz"* (Mt 27,40). Der Sarkasmus des Römers hat ja bis heute noch seinen Nachhall in großen Kontroversen. Denn die Göttlichkeit Jesu kann nicht ähnlich der eines allmächtigen Zauberers gesehen werden – dann hätte er sich nämlich tatsächlich befreien können. Auch einen allmächtigen Vater im Jenseits, der seinen Sohn auf diese

Weise sterben lässt, kann man nicht mehr annehmen. So wird man wohl die „Göttlichkeit“ anders denken müssen (vgl. dazu „Was Jesus wirklich sagte“, 2000).

Der Sarkasmus führt noch nicht zum Umschlag ins Gegenteil – wie der Zynismus –, sondern zeigt eine Konsequenz auf. So lassen sich z. B. Widerstände gegen Planungsaktivitäten dadurch besprechbar machen, dass man sagt „Planung ersetzt den Zufall durch den Irrtum“. Bei notorischen Zögerern hilft es oft zu sagen: „Es ist immer viel zu früh zu spät.“ Wenn ein Chef an den Teamgeist appelliert, hilft manchmal die Bemerkung „Teamgeist ist, wenn alle das gleiche wollen wie der Chef.“ Leider nützt der Sarkasmus in vielen Fällen immer noch nicht, und man muss die Dosis steigern:

Zynismus

Zynismus ist neben dem Humor vermutlich die stärkste Interventionsform im Rahmen des Komischen. Leider hat er eine ganz schlechte Presse und wird meines Erachtens völlig unterschätzt und falsch verstanden.

Der Zynismus geht zurück auf Diogenes von Sinope, dessen Schüler sich dann „Kyniker“ – auf deutsch „Hunde“ – nannten. Sie fielen – so wie schon ihr Lehrer – durch provozierendes Verhalten auf und machten sich vor allem dadurch unbeliebt, dass sie jede Wahrheit in ihr Gegenteil verkehren konnten.

Hierin liegen aber auch der eigentliche Wert und gleichzeitig die unangenehme Seite des Zynismus. Als zynisch wird eine Aussage immer dann empfunden, wenn sie zeigt, dass auch das Gegenteil wahr sein kann oder im konkreten Fall sogar wahr ist.

Der Begründer des Zynismus – nämlich Diogenes – ist bis heute der unerreichte Meister in der Kunst der „retorsio" – wie Schopenhauer es nennt. Sogar Hegel zollt ihm in seiner Geschichte der Philosophie Bewunderung für die Kürze und Prägnanz der zynischen Intervention.

Ein reicher Athener stellt sich in einer engen Gasse dem Diogenes in den Weg und sagt: „Ich weiche keinem Schurken aus!" „Ich schon", sagte Diogenes und ging um ihn herum.

Hegel musste oft ziemlich aufwändige Gedankengänge strapazieren, um eine Wahrheit in ihr Gegenteil umschlagen zu lassen. Diogenes gelingt dies hier mit zwei Worten.

Auf ein Schild, das ein Athener Grundbesitzer vor seinem Haus aufstellte mit der Inschrift: „Hier dürfen nur gute Menschen eintreten", schrieb Diogenes dazu: „Wie kommt dann der Hausherr selbst hinein?"

Wenn es stimmt, was Laotse sagt, dass nämlich viele Wahrheiten in sich widersprüchlich sind und daher über zwei Seiten verfügen, die nur zusammen wahr sind, dann ist es verständlich, dass wir mit unserer Logik in vielen konkreten Situationen nur eine Seite bemerken und bevorzugen. Die zweite Seite wird vernachlässigt, verdrängt oder unterdrückt.

Zynismus heißt, diese zweite Seite (einer Aporie) wieder sichtbar zu machen. Meist braucht man die ganze Wahrheit mitsamt ihren Widersprüchen, um richtige Entscheidungen treffen zu können.

Der griechische Philosoph Aristipp, Schüler des Sokrates – er hatte die Theorie, dass die höchste Moral in der größten Lust zu finden sei –, war einmal zusammen mit Diogenes bei Dionysius, dem Herrscher und Tyrann von Syracus, zu Gast. Diogenes vertrat gegen Aristipp eine Moralauffassung der Einfachheit und Enthaltsamkeit. Dionysius, so wird berichtet, lieh einmal mehr dem einen und dann wieder mehr dem anderen sein Ohr.

Eines Tages geht Aristipp – in feine Gewänder gehüllt – über den Hof des Palastes und sieht Diogenes Linsen waschen. „Oh, edler Diogenes“, spricht er ihn an, „was bist du doch für ein Depp. Wenn du endlich lernen würdest, ein wenig dem Tyrannen zu schmeicheln, bräuchtest du nicht den ganzen Tag Linsen waschen!“ Darauf entgegnet Diogenes: „Oh edler Aristipp, der Depp bist du. Denn wenn du endlich lernen würdest, mit Linsen zufrieden zu sein, bräuchtest du nicht den ganzen Tag dem Tyrannen zu schmeicheln.“

Diese Tendenz zu zeigen, dass eine Wahrheit auch ein Gegenteil hat, das meist nicht weniger wahr ist, hat in der abendländischen Geschichte natürlich immer wieder dem Zynismus viele Kritiker eingebracht. So etwa Friedrich II. von Preußen: „Eine Sekte so genannter Philosophen, die sich in unseren Tagen gebildet hat, mit der Schamlosigkeit der Zyniker verbindet sie die edle Dreistigkeit, alle Paradoxien, die ihnen in den Sinn kommen, zum Besten zu geben“ (Ritter Lexikon, Bd. 12, S. 1549).

Die Philosophen selbst haben den Zynismus meist richtig eingeschätzt. So bezeichnet etwa Schlegel Lessings „Nathan der Weise“ als ein „dramatisiertes Elementarbuch des höheren Zynismus“ (Ritter Lexikon, Bd. 12, S. 1550).

Lessing hat offensichtlich zu Ende gedacht, was dabei herauskommt, wenn drei Religionen gleichzeitig die absolute Wahrheit beanspruchen und doch kooperieren wollen. Mit dem echten Ring, der die Gabe verleiht von den anderen geliebt zu werden, schlägt die – aus der Wahnidee der absoluten Wahrheit stammende – Feindschaft der Religionen in ihr Gegenteil um.

Manche Philosophen (z. B. Grabbe) vergleichen den Zynismus daher auch mit einem Spiegel, „der auch die ärgerlichste Erscheinung wiedergibt ohne sich zu beflecken“.

Fragt der Besucher den Wächter im Museum: „Was ist denn das für ein hässliches Bild zwischen den beiden Rembrandts?“ „Dies ist kein Bild, Sir, das ist ein Spiegel.“

Zynismus ist wesentlich stärker als Ironie oder Sarkasmus. Er ist immer dann sinnvoll und angebracht, wenn eine Person oder eine Gruppe nur eine Seite einer Wahrheit exklusiv bevorzugt und Gefahr besteht, dass die zweite Seite nicht beachtet wird.

Bei vielen Maßnahmen, bis hin zu Kriegen, ist offensichtlich, dass damit das Gegenteil von dem erreicht wird, was die Betreffenden – oft mit bester Motivation – eigentlich wollen. Hier werden sie durch das „Umschlagen ins Gegenteil" schlaglichtartig darauf aufmerksam gemacht, dass sie nicht das erreichen was sie wollen.

In der chinesischen Kultur, die ja seit dem Taoismus ein gutes Verhältnis zu Widersprüchen hat, ist natürlich das Umschlagen ins Gegenteil auch immer wieder Mittel der Karikatur. So meint z. B. eine Karikatur, dass ein Dokument „der großen proletarischen Kulturrevolution" alles noch schlimmer macht.

Je tüchtiger man mit diesem Fetzenbesen den Boden wischt, desto schmutziger wird er

Schriftzeichen des Putzlappens: Zusammenfassung einer Beratung eines Komitees der Kommunistischen Partei Chinas

Ganz besonders angebracht sind zynische Reaktionen bei pharisäischen Heuchlern oder solchen, die auf dem hohen Ross der moralischen Überlegenheit sitzen.

F. Th. Vischer meint daher auch, „dass der Zynismus die Funktion habe, dem Heuchler, dem Lügner mit Anstand die Larve abzureißen“ (1879, S. 88 ff.).

Ein Fahrgast reißt die Türe zu einem Taxi auf, lässt sich in den hinteren Sitz fallen und sagt: „Fahren Sie endlich mit Ihrer Dreckskarre los.“ „Gerne“, sagt der Taxilenker, „wenn Sie mir auch noch sagen, wo ich den Dreck abladen soll.“

Seinen schlechten Ruf hat der Zynismus vermutlich daher, dass viele, die sich auf eine Seite einer widersprüchlichen Wahrheit festgelegt haben, gelegentlich das Gefühl bekommen, es wird ihnen der Boden unter den Füßen weggezogen, wenn sie merken, dass auch das Gegenteil wahr ist oder sie etwas anderes erreichen als sie eigentlich wollten.

Hier bringt – wie überhaupt Reflexion – der Zynismus vielleicht Menschen zum Lachen und dann zum Nachdenken, bevor sie die bittere Erfahrung der Konsequenzen ihrer Handlungen selbst gemacht haben.

Als Interventionsmittel ist der Zynismus immer dann angebracht, wenn es gilt Betrug oder meistens „Selbstbetrug zynisch anzugreifen“ (L. Tiel, Brief an Grabbe 1822).

Für Nietzsche ist der Zynismus sogar das Mittel, „das erst die Freiheit des Geistes“ gewährleistet und eine „Umwertung der Werte“ ermöglicht: *„Damit erreicht man das Höchste, das auf Erden erreicht werden kann, den Zynismus“* (Ecce homo § 3, 1888).

Dies ist vielleicht ein wenig übertrieben, aber hinter der Dialektik, die hier von den Philosophen gemeint ist, steht tatsächlich eine sehr starke Interventionsmöglichkeit.

Kleine Philosophie des Führens mit Zynismus

Führen heißt heute mehr und mehr Lernprozesse zu steuern und immer seltener nur Entscheidungen zu treffen. Die Betroffenen in Entscheidungen mit einzubeziehen, macht diese nicht nur inhaltlich besser, sondern auch in der Praxis erfolgreicher, weil sich mehr Menschen für die Durchführung der entschiedenen Maßnahmen einsetzen. Das Problem konzentriert sich auf die Frage: Wie viele Personen (speziell Betroffene) stimmen einer Entscheidung zu? Diese Frage ist bei den so genannten „einsamen" Einzelentscheidungen leichter zu beantworten: Niemand von denen, die etwas durchführen sollen, stimmt zu oder stimmt nur halbherzig zu.

Volle Zustimmung erreicht man nur, wenn alle Beteiligten an einem notwendigen Lernprozess mitwirken. Dieser Lernprozess ist mühsam und dauert seine Zeit. Er ist aber nicht durch eine – wenn auch noch so gute – Chefentscheidung zu ersetzen.

Ich habe an anderer Stelle („Konfliktmanagement", 2005, S. 61 f.) auf die Bedeutung der „doppelten" Wahrheit hingewiesen. Eine Chefentscheidung ist nur möglich und sinnvoll, wenn es eine Wahrheit schon gibt, die der Chef besitzt und die dann ausgeführt werden muss. Muss die Wahrheit aber erst gefunden werden – durch einen gemeinsamen Lernprozess mit Konsens –, dann liegt zunächst meist eine widersprüchliche Situation (Aporie) vor. Man weiß von vornherein nicht, was richtig ist oder wer Recht hat – zunächst haben alle oder niemand Recht. Manchmal stellt sich heraus, dass doch einer Recht hatte und der andere Unrecht. Dann muss nur einer einen Lernprozess machen. Hier eignen sich meist die bisher ausgeführten Formen des Komischen, etwa die Ironie, um einen solchen Lernprozess zu starten oder zu beschleunigen.

„Wo es zu ziehen gilt, hilft kein Drücken", so könnte man in Analogie zum Problem des Öffnens einer Türe formulieren. Auch die diversen spöttischen Bemerkungen können einen solchen Lernprozess auslösen, den jemand machen muss, der sich auf dem „Holzweg" befindet. Die von Heidegger gegründete Zeitschrift „Holzwege" diente übrigens zur Besprechung zeitgenössischer philosophischer Theorien, die nach Meinung Heideggers zwar in den Wald hineinführen aber nicht mehr heraus.

In den genannten Fällen – es gibt eine gesicherte Wahrheit, die man jemandem beibringen muss, der sich irrt – werden wohl je nach Lösungsnotwendigkeit die komischen Möglichkeiten von Ironie bis Sarkasmus ausreichen.

Gibt es aber eine solche Wahrheit nicht, haben also beide Seiten eines Streites Recht, dann müssen wohl beide einen Lernprozess machen, um zu einem Konsens zu kommen. „Führung" kann in diesem Fall nicht heißen, eine richtige Entscheidung zu treffen und diese dann anzuordnen. Es gibt keine richtige Entscheidung bei aporetischen Widersprüchen.

Ich wurde vor vielen Jahren einmal als Konfliktmanager in einer Bank zu einem Streit beigezogen, nachdem einige Filialen einen sehr großen Wertberichtigungsbedarf bei Krediten hatten. In dieser Bank waren die Verantwortlichkeiten damals in Korrelation zur Höhe des Kredites und Ranking in der Hierarchie festgelegt. Über einen kleinen Kredit von umgerechnet 2 000 Euro konnte der Kundenbetreuer entscheiden. Bis 5 000 Euro war der Zweigstellenleiter zeichnungsberechtigt, bis 10 000 Euro der Gebietsleiter usw. bis hinauf zum Vorstand. Nun stellte sich heraus, dass einige der Flops in Zweigstellen die Unterschrift von hochrangigen Funktionsträgern (manchmal sogar Vorständen) trugen. Sie waren bei „Arbeitsessen" oder sonstigen Kontakten zwischen Kreditnehmer und hochrangigen Bankmitarbeitern zu Stande gekommen. Ich hatte mit einer sarkastischen Bemerkung die Diskussion überhaupt erst ins Rollen gebracht, indem ich sagte: „Je inkompetenter Ihre Mitarbeiter sind (weil als Hierarchen weit weg von den Kreditnehmern), über desto höhere Beträge dürfen sie disponieren." Immerhin führte das Lachen, dem sich auch Top-Funktionäre dieses Hauses nicht entziehen konnten, dazu, dass man eine Arbeitsgruppe bildete, die das Problem untersuchen und Vorschläge für eine Neuordnung machen sollte. Dabei stellte sich heraus, dass hier eine echte Aporie zu bewältigen war, die mit dem herkömmlichen Ordnungssystem einer hierarchischen Logik nicht zu lösen war.

Die Grundfrage der nötigen Risikenselektion lautete nämlich: Kann man vorher schon wissen, ob ein Kreditnehmer seinen Kredit auch wieder ordentlich wird zurückzahlen können? Die, die das nicht können, denen sollte man am besten gar keinen Kredit geben. Wer derart in die Zukunft blicken könnte, würde sich in vielen Punkten etwas leichter tun – nicht nur beim Kreditrisiko.

Nachdem das Problem aber gelöst werden musste, gründete man zunächst eine zentrale Stelle, die damit begann, Risiken nach bestimmten Kriterien zu qualifizieren und auch zu quantifizieren. Alle Risiken wurden nach diesem Schema bewertet und dann wurde der Kredit bewilligt oder nicht. Dies führte zunächst dazu, dass das Genehmigungsverfahren so lang dauerte, dass viele Kunden zur Konkurrenz abwanderten. Für den Rest der Kreditnehmer wurde die Floprate aber auch nicht deutlich gesenkt.

Es stellte sich heraus, dass das Managen von Kreditrisiken die Bewältigung einiger grundlegender Widersprüche darstellt. Kompetent für den Kreditnehmer kann nur der Betreuer sein, der ihn kennt und auch sein Umfeld, seine zukünftige Geschäftsentwicklung etc. einschätzen kann. Kompetent für das Kreditrisiko kann wiederum nur der Zentralist sein, der über genaue Kenntnis des Risikos in dieser Branche, dieser Gegend etc. verfügt.

Zum Problem wird ein Kredit aber nur in einer Krisensituation. Hier gilt die zynische Regenschirmparadoxie. Die Bank verleiht Ihnen einen Regenschirm. Sollte es aber wirklich regnen, haben Sie diesen sofort wieder zurückzugeben. Dann nämlich, wenn Sie den Kredit wirklich brauchen, weil Sie in einer Krise sind, wird er fällig gestellt. Dazu kommt, dass die Risikomanager natürlich eine hohe Absicherung brauchen (Bürgen, Immobilien etc.). Das heißt, dass nur jemand, der ihn nicht wirklich braucht, einen Kredit bekommt. Die ihn wirklich brauchen, bekommen ihn nicht.

Der Konflikt zwischen zentralem Kreditrisikomanagement (KRM) und den Filialen oder Zweigstellen verläuft, wie wir inzwischen wissen, bei Aporien dieser Art nach einem typischen Muster. Diese Muster können entweder in der Realität durchlebt werden oder in einem Konfliktszenario zu einem Lernprozess auf der Metaebene führen.

Die Realität sieht dann so aus: Nachdem von der Geschäftsleitung des Unternehmens angeordnet worden war, die Risiken zu senken, wurde die Kreditvergabe durch die Zentrale so restriktiv gehandhabt, dass ein Großteil der Kunden verloren ging. Damit hatte man so wenig Volumen, dass die Geschäftsbasis gefährdet war (denn die „geflüchteten" Kunden schichteten natürlich auch andere Bereiche ihres Finanzsystems auf die Konkurrenten um). Die Geschäftsleitung änderte unter dem Druck des Volumenverlustes ihre Politik und „befahl" wieder Volumen. Als erstes konnte man natürlich die schlechten Risiken unter den Kunden wieder gewinnen, sodass nach einiger Zeit wieder ein großer Wertberichtigungsbedarf entstand. Wieder war die Geschäftsbasis gefährdet. In dieser Situation hatte ich es leicht, mit den zuständigen Funktionären einen Lernprozess zu starten. In einem Workshop wurden die Widersprüche formuliert und die Gegner positionierten sich (noch ernsthaft). Beide Seiten formulierten ihre Standpunkte. Relativ rasch kam man in die Phase 2, die ich als Phase des Zynismus bezeichne. Ohne Zynismus kommt man hier nicht weiter. Er besteht darin, dass man den anderen extremiert und ihm Recht gibt.

Die zentralen Kreditrisikomanager gaben in dieser Phase den Damen und Herren aus der Fläche Recht und sagten: „Was passiert, wenn ihr wirklich alle Kunden bedient, so wie ihr das wollt, und auch dem Bettler eine Luxusvilla finanziert? Der wird das doch nie zurückzahlen können. Wenn wir euch Recht geben, richten wir euch und uns zugrunde!"

Die Damen und Herren von der Fläche gaben darauf den Zentralisten „Recht" und sagten: „Wenn wir jedes Risiko vermeiden wollen, geben wir am besten überhaupt keine Kredite mehr aus oder nur mehr an solche, die keine brauchen. Wenn wir euch Recht geben, richten wir euch und uns zugrunde."

An dieser Stelle der zynischen Extremierung der Standpunkte in der Phase 2 setzt der Lernprozess ein. Ich bezeichne diese Phase der Einsicht als Phase 3. In der darauf folgenden 4. Phase tritt der Konflikt innerhalb der Konfliktparteien selbst auf: Die KRM wollen natürlich Kredite vergeben und die Fläche will natürlich ein gutes Risiko. Wie brachte man also (Phase 5) das Wissen der Risikenselektion in die Fläche? Man installierte eine eigene von der Zentrale aus gesteuerte Serviceeinheit, die nur gemeinsam vor Ort mit dem zuständigen Kundenbetreuer über die Kreditvergabe entscheiden kann. Damit hatten beide gewonnen: die Fläche, weil sie weiter Volumen bringen darf, und die Zentrale, weil sie eine gute Risikenselektion bekommt.

Der eigentliche Lernprozess aber ist durch die zynische Intervention der Phase 2 gesteuert. Manche Philosophen nennen das auch „paradoxe Intervention“, weil der Zynismus eine schlechte Presse hat. Der Zynismus ist deshalb so eine starke Intervention, weil er zeigt, dass man mit dem, was man vorhat, das Gegenteil von dem erreicht, was man will.

Das Problem des Führens oder Intervenierens hat man nicht bei einer sensiblen Klientel, die feinsinnig auf Ironie reagiert. Auch nicht bei Personen, die sich über sarkastische Bemerkungen freuen. Erfolglos sind Führungskräfte, Berater, Trainer etc. meist bei Personen oder Gruppen, die sich in einen Konflikt verbissen haben, die aufgestachelt sich zur Bösartigkeit entwickelt haben, die am Gegner kein gutes Haar mehr lassen, die „nur mehr schriftlich miteinander verkehren“, oder „nur mehr über den Rechtsanwalt“ usw. Die feinen, sensiblen und weichen Methoden nützen hier oft nichts mehr. Der brutalste Zynismus ist gerade passend, um die verhärteten Fronten aufzubrechen. Man muss den Menschen zeigen, dass sie sich selbst schaden mit ihrer Vorgehensweise. Solange sie nur glauben, dem anderen zu schaden, macht es ihnen vielleicht noch Spaß.

Wenn Beratung oder Führung am Erfolg gemessen wird, und zwar am Erfolg in fast aussichtslosen Konfliktsituationen, dann – so meine These – kommen Sie nicht ohne Zynismus aus. Auch die Kulturkritik, etwa durch Kabarettisten verkörpert, bedient sich dieses Instruments.

Die großen Meisterhumoristen etwa verwenden diese Gesetzmäßigkeit, um die Menschen zur Selbsterkenntnis zu bringen. Einige Kostproben von Nestroy:

> „Die Kranken geben bei weitem nicht soviel Geld aus um g'sund als die G'sunden um krank zu werden."
>
> „Wenn die Gäst' wüssten, wie z'wider sie einem sind, es ließ sich gar kein Mensch mehr einladen auf der Welt."
>
> „Die kürzeste Strafe in der Hölle ist auf ewig."
>
> „Eine Frau, die heiratet, versucht die Aufmerksamkeit vieler Männer gegen die Unaufmerksamkeit eines Einzigen einzutauschen."
>
> „Viele Vertraute sind gerade so viel wert wie ein Verräter."
>
> „Dafür ist ja das Heiraten erfunden worden, dass es nix mehr nutzt, wenn's einen reut. Wenn die Reue net wär, wär ja die Liebe genug."

Nestroy selbst hat ja noch sehr darunter gelitten:

> „Die Zensur is die jüngere von zwei schändlichen Schwestern, die ältere heißt Inquisition. Die Zensur is das lebendige Geständnis der Großen, dass sie nur verdummte Sklaven treten, aber keine freien Völker regieren können."

Realitätsbezug und Humor

Glaubt man von jedem Menschen das Beste, dann besteht die Gefahr, dass man öfter getäuscht wird und den Realitätsbezug verliert. Dennoch scheint die Einstellung des Humors allen anderen Formen des Komischen überlegen zu sein, weil es hier nicht um Demonstration von Überlegenheit geht, sondern um ein liebevolles gemeinsames Akzeptieren eines komplexen Realitätsbezuges.

Im obigen Schema der fünf Phasen würde ich den Humor der Phase 5, der Synthese oder dem Konsens zuordnen. Hier geht es nicht um Sieg oder Niederlage, sondern um Realitätsgewinn. Die bisher aufgezählten Formen des Komischen entsprechen der Haltung eines Richtig- und Falsch-Bewusstseins, oft weniger mit dem Ziel der Wahrheitsfindung als mit dem Ziel, Überlegenheit zu demonstrieren (vgl. dazu Hänslin, 2004).

Humor lacht über das, worüber gelacht werden muss, um Realitätsverlust aufzudecken, betont jedoch dabei die beiden positiven Seiten, die durch Einseitigkeit möglicherweise verloren gegangen wären.

Ich glaube, dass sich der Humor von den anderen Formen des Lachens dadurch unterscheidet, dass er nicht nur relativiert, sondern auch etwas Positives an der Situation oder der Person findet.

Ich habe ihn daher – das war das Thema meiner Doktorarbeit – mit der Liebe in Zusammenhang gebracht. Vermutlich kann das jeder nachvollziehen, der sich überlegt, welchen Sinn eine „humorlose Liebe“ haben könnte.

Das heißt, dass man sich dem Thema Humor von zwei Seiten nähern muss. Erstens von der Seite des Komischen her. Hier ist Humor eine Form, die von der Liebe begleitet wird.

Zweitens von der Seite der Liebe. Wortführer (zumindest in der Theorie) sind die Christen mit der Nächstenliebe. Über sie haben sich zwar unzählige Generationen von Skeptikern lustig gemacht, dennoch enthält der christliche Begriff der Agape alles, was man für den Humor braucht: Überwindung der Endlichkeit, Relativierung von Absolutsetzungen, Anerkennung des anderen.

„Wenn ich in Zungen lalle (Glossolalie), hätte aber die Liebe nicht, ich wäre ein tönendes Erz oder eine klingende Schelle“, sagt etwa Paulus im Korintherbrief.

Überhaupt vollbringt die Liebe (so wie auch der Humor) wahre Wunderdinge. Die Liebe (der Humor) ist nicht eifersüchtig, prahlt nicht und ist nicht überheblich, trägt nichts nach usw.

Man sollte daher das griechische Wort „Agape“ ins Deutsche mit dem Wort „Humor“ übersetzen, wenn man den Sinn der christlichen Botschaft adäquat wiedergeben will.

Die verschiedenen Versuche der Philosophen, Humor zu verstehen, haben jedenfalls die aufgezählten Elemente von Liebe und Relativierung. So sagt etwa Jean Paul: *„Humor ist das umgekehrt Erhabene.“* Oder Kierkegaard: *„Humor ist das Inkognito des Religiösen.“*

Welche der jeweiligen Arten des Komischen in einer konkreten Situation sinnvoll ist, lässt sich allgemein nicht sagen. Ich glaube, so wie Konsens nicht immer die beste Konfliktlösung ist, so ist auch nicht immer der Humor die beste Antwort auf eine Situation – manchmal wird man wohl nicht ohne Sarkasmus oder gar Zynismus auskommen. Trotzdem halte ich es für ein erstrebenswertes Ziel, das Leben mit Humor zu meistern.

Meiner Meinung nach trifft dies aber nicht nur für das Christentum zu, sondern ist auf alle Erlösungsreligionen anwendbar. Dazu mehr im vierten Kapitel dieses Buches.

Der Mensch, der „erlöst“ ist oder „erleuchtet“, der sich selbst bestimmt und frei entscheiden kann, ist sich seines Wertes bewusst und lässt sich eigentlich durch nichts mehr unterkriegen. So könnte man auch Wilhelm Busch verstehen, der sagt: *„Humor ist, wenn man trotzdem lacht!“*

Führungspraxis mit Humor

Durch den Bezug zur Liebe – heute würde man im Zusammenhang mit Führung auch Konsens sagen können – wird auch deutlich, dass Humor nicht allgemeingültig definiert werden kann. Ob etwas als Ironie oder als Humor aufgefasst wird, hängt stark von der Situation ab.

In einer konkreten Situation haben auch die Zusammensetzung der Gruppe, die Stimmung, die Vorgeschichte usw. eine Bedeutung. Was man sich von einem Menschen sagen lässt, kann bei einem anderen als Beleidigung wirken. Was jetzt noch dazu führt, dass einer eingeschnappt ist, kann wenig später, wenn man schon miteinander gelacht hat, vielleicht akzeptiert werden usw.

Alles Komische ist daher immer zumindest auch eine Situations- und Beziehungskomik. Deswegen ist es auch so schwierig zu verstehen, worüber die Menschen in anderen Kulturen lachen. In verschiedenen Kulturen scheint ganz Verschiedenes zum Lachen zu reizen. Trotzdem kann man – wie es versucht wurde – die verschiedenen Formen des Komischen auch allgemein unterscheiden und dann – je nach Situation – auch anwenden.

Ich glaube, dass dazu ein gewisses Training gehört, halte das aber für lehr- und lernbar. Der Schlüssel dafür liegt in der eigenen Psyche. Man muss grundsätzlich, aber besonders am Anfang seiner „Humorkarriere" damit rechnen, dass die Menschen nicht nur über die Späße lachen, sondern auch über den „Humoristen". Dies trifft umso weniger hart, je besser man über sich selbst lachen kann.

Zum Training (für Führungskräfte z. B.) empfehle ich, sich bestimmte Führungssituationen (am Arbeitsplatz, in der Familie, im Sportverein usw.) zu überlegen und die verschiedenen Interventionsmöglichkeiten durchzudenken.

Ein Beispiel: Das Führungsproblem (oder Erziehungsproblem) lautet etwa: Wie stoppe ich einen Vielredner?

Ironie (Untertreibung): *„Heute nehmen wir uns mehr Zeit, damit auch der/die XY zu Wort kommt."*

Oder: *„Herr Kollege, Sie haben heute noch gar nichts gesagt."*

Spott (Schadenfreude, Parodie): „Ich sehe, dass Ihnen keiner mehr zuhört." Auch Gesten oder Pantomime können Spott sein: Ohren zuhalten, mit dem Mund mitreden, ohne Töne von sich zu geben, mit der Hand Geschnatter deuten....

Hohn: *„Ihr Redeschwall hat alles weggeschwemmt."*

Wenn ein Vielredner z. B. immer dem Chef nach dem Munde redet, dies aber leugnet, dann kann man ihn imitieren:

„Ich bin kein Ja-Sager, wenn mein Chef nein sagt, sage ich auch nein!"

Sollte sich der Chef dann von so einem „Arschkriecher" distanzieren, kann man auch sagen:

„Wer dem Chef ständig hinten hineinkriecht, braucht sich nicht wundern, wenn er ihm eines Tages zum Hals heraushängt.“

Sarkasmus (Übertreibung): *„Alle, die was sagen wollen, sollten gleichzeitig reden, dann sparen wir Zeit.“*

Oder: *„Wenn Sie eine Eintragung im Buch der Rekorde vermeiden wollen, sollten Sie eine Pause machen.“*

Zynismus (Umschlagen ins Gegenteil): *„Je länger Sie reden, desto weniger weiß ich, was Sie sagen wollen.“*

Oder: *„Ihre lange Rede hat mich überzeugt. Was wollten Sie sagen?“*

Humor: *„Von dem vielen, was Sie gesagt haben, möchte ich einen Punkt herausgreifen, weil er mir wichtig erscheint.“*

Oder: *„So viel haben wir zu dem Thema noch nie gehört.“*

Sehr erfolgreich für die Akzeptanz von Kritik sind Reime bzw. Schüttelreime. Was man in Prosa nicht akzeptiert, kann man oft in Form von Reimen besser annehmen, wie z. B.:

Dem Franzi an der Strippe leicht
die Rede von der Lippe streicht.
Kaum lässt er noch der Lunge Zeit,
dass Atem sie der Zunge leiht.

Die Grundlage dafür ist die Fertigkeit, Beispiele für die jeweils gerade aktuelle Situation zu finden, nur dann kann man auch entsprechend schnell reagieren. Vorheriges Üben bzw. das Aushalten von Misserfolgen bleibt einem jedoch meist nicht erspart. Schlagfertigkeit entsteht durch den Mut, einfach das zu sagen, was einem gerade einfällt. Dieser Mut entsteht normalerweise aus dem Selbstvertrauen, mehr positive als negative Erlebnisse zu produzieren bzw. in der Vergangenheit produziert zu haben.

Die folgende Übung ist nicht leicht, in einigen Punkten werden Sie schwer oder gar nicht zu einer Lösung kommen. Versuchen Sie es trotzdem, schärfen Sie Ihr Gespür für den Humor und seine zahlreichen Variationen. Überlegen Sie, wie Sie in den verschiedenen Stufen reagieren könnten. Auf der Rückseite des jeweiligen Blattes finden Sie dann einige Lösungsvorschläge. Vergleichen Sie, ob Sie nicht ohnehin die besseren Lösungen haben.

Der Miesmacher

IRONIE

SPOTT/HOHN

SATIRE

SARKASMUS

ZYNISMUS

HUMOR

Der Miesmacher

IRONIE

- Sie sind so herzerfrischend positiv!
- Wohltuend zu hören, dass es Ihnen wieder besser geht!

SPOTT/HOHN

- Nomen est omen!
- Wann haben Sie das letzte Mal freiwillig gelacht?

SATIRE

- Da sind Sie aber jetzt ein bisschen zu optimistisch!
- Selten so gelacht!
- Wir werden Ihnen die Miesmacherei schon noch miesmachen!

SARKASMUS

- Perspektivlosigkeit heiligt die Mittel!
- Neues Spielchen: Sie finden die Lösung – und wir gehen Kaffee trinken!
- Ihre Laune macht uns Laune!

ZYNISMUS

- Danke für die konstruktiven Vorschläge. Sie haben uns sehr weitergeholfen!
- Gott sei Dank brennen Sie wieder mal vor Euphorie!

HUMOR

- Einen Vorteil hat die pessimistische Betrachtung jedenfalls, sie hindert uns an realitätsfernem Optimismus.

Der Schweiger

IRONIE

SPOTT/HOHN

SATIRE

SARKASMUS

ZYNISMUS

HUMOR

Der Schweiger

IRONIE

- Ihr Schweigen macht mich auch nachdenklich!
- Vielsagend, Ihr Schweigen!

SPOTT/HOHN

- Si tacuisses – Sie üben sich als Philosoph!

SATIRE

- Was wollten Sie mit Ihrer Rede verschweigen?
- Was wollten Sie mit Ihrem Schweigen sagen?

SARKASMUS

- Schweigen ist Zustimmung!
- Sie machen den Mund wohl nur zum Atmen auf!

ZYNISMUS

- Reden Sie nicht so viel, man kann ja sein eigenes Schweigen nicht mehr hören!

HUMOR

- Reden Sie jetzt oder schweigen Sie weiter!
- Unser Goldschatz: Reden ist Silber, Schweigen ist Gold!
- Sie haben, während wir redeten, vermutlich nachgedacht. Sagen Sie uns auch, was Ihnen da eingefallen ist?

Der Leistungsverweigerer

IRONIE

SPOTT/HOHN

SATIRE

SARKASMUS

ZYNISMUS

HUMOR

Der Leistungsverweigerer

IRONIE

- Sie müssen ein glücklicher Mensch sein, nicht arbeiten zu wollen!
- Verschwenden Sie Ihre Zeit nicht mit Arbeit!

SPOTT/HOHN

- Haben Sie Angst vor zu wenig Freizeit?
- So arm: erschöpft vom Nichtstun!

SATIRE

- Noch ein Wort und Sie überarbeiten sich!
- Sie arbeiten heftig an Ihrer Faulheit!
- Sie geizen mit Ihrem Fleiß!

SARKASMUS

- Du arbeitest konsequent – im Sinne von „Dauerurlaub"!
- Nicht so hastig!
- Weiter so flott!

ZYNISMUS

- Ihr großes Engagement bringt uns ein großes Stück weiter!
- Vielleicht wollen Sie sich nur dünn machen, bevor das dicke Ende kommt!

HUMOR

- Sie sind ein Vorbild beim Nein-Sagen!
- Ist die Erdanziehung das Einzige, was sie hier noch hält?

Der Nörgler

IRONIE

SPOTT/HOHN

SATIRE

SARKASMUS

ZYNISMUS

HUMOR

Der Nörgler

IRONIE

- Ohne Nörgeln wäre das Leben nur halb so schön.

SPOTT/HOHN

- Und ich dachte schon, Sie würden mit was Positivem aus der Rolle fallen!

SATIRE

- Was könnten wir alles bewegen, wenn Sie ein bisschen negativer wären!
- Nicht aus der Rolle fallen, Herr Nörgler!

SARKASMUS

- Die negativen Argumente kennen wir nun. Wo sind die positiven?

ZYNISMUS

- Wenn das konstruktiv sein soll, was ist dann destruktiv?
- Mögen Sie eigentlich die Welt – und sich da drauf wirklich?
- Was haben Lügner und Nörgler gemeinsam? Man glaubt ihnen nicht!

HUMOR

- Bei all dem Negativen – den einen guten Vorschlag sollten wir weiterverfolgen!
- Der Pessimist ist nur ein Optimist mit Erfahrung.
- Ein arabisches Sprichwort sagt: „Vertraue auf Allah, aber binde dein Kamel an.“

Der Besserwisser

IRONIE

SPOTT/HOHN

SATIRE

SARKASMUS

ZYNISMUS

HUMOR

Der Besserwisser

IRONIE

- Und was dürfen wir noch erfahren?
- Nur Sie haben die besten Antworten auf unsere Fragen!
- Halten Sie mit Ihrer Meinung nicht so hinter dem Berg.

SPOTT/HOHN

- Herr X wird uns gleich sagen, wie's wirklich ist.

SATIRE

- Wissen Sie eigentlich, dass Sie immer Recht haben?
- Sie sollten Lehrer werden, die wissen auch alles und noch mehr!

SARKASMUS

- Wie freundlich, dass wir an Ihrer Weisheit teilhaben dürfen!
- Immer Recht haben, ist das nicht anstrengend?
- Wenn Sie nicht bald Luft holen, ersticken Sie!

ZYNISMUS

- Und die Erde ist eine Scheibe!
- Wenn wir Sie nicht hätten, müssten wir selbst denken!
- Sie sollten auch einmal Recht behalten dürfen.

HUMOR

- Diesmal haben Sie nicht nur Recht, sondern auch eine gute Entscheidung getroffen!
- Doppelt so viel ist nicht immer doppelt so gut!

Wie bringe ich jemanden zum eigentlichen Thema? (Der Ausweicher, der Herumredner)

IRONIE

SPOTT/HOHN

SATIRE

SARKASMUS

ZYNISMUS

HUMOR

Wie bringe ich jemanden zum eigentlichen Thema? (Der Ausweicher, der Herumredner)

IRONIE

- War das Ihr Beitrag zu diesem Thema?

SPOTT/HOHN

- Wieder mal Ihr Lieblingsthema?
- Sie sprechen von Äpfeln – aber hier geht's um Birnen!

SATIRE

- Was machen Sie, wenn Ihnen der Stoff zum Reden ausgeht?
- Ihr Redeschwall schwemmt alles weg!

SARKASMUS

- Danke für Ihren Beitrag – aber heute haben wir ein anderes Thema!
- Sie reden blendend, aber worüber eigentlich?

ZYNISMUS

- Wenn Sie zu diesem Thema noch weiterreden, wird Ihnen gar niemand mehr zuhören!

HUMOR

- Von dem, was Sie alles gesagt haben, können wir sicher auch einiges für unser eigentliches Thema verwenden!
- Ihre Äußerungen sind so interessant wie vielfältig!

Notorischer Zuspätkommer

IRONIE

SPOTT/HOHN

SATIRE

SARKASMUS

ZYNISMUS

HUMOR

Notorischer Zuspätkommer

IRONIE

- Sie definieren das akademische Viertel neu!
- Jede Diva kommt langsam die Treppe herunter!

SPOTT/HOHN

- Was ist passiert? Sie sind schon da?
- Kommt die Welt wirklich ohne Sie aus?

SATIRE

- Spät kommt ihr, doch ihr kommt!
- Schon da? Welche Überraschung!

SARKASMUS

- Noch einige Minuten später und du hättest auch das Buffet versäumt!
- Wer zu spät kommt, den straft das Leben!

ZYNISMUS

- Deine Pünktlichkeit lässt auf optimales Zeitmanagement schließen!
- Wissen Sie, was das Gute an Ihrem Zuspätkommen ist? Ich auch nicht!

HUMOR

- Sie ermöglichen uns eine Schleife zum ersten Tagesordnungspunkt!
- Wann immer du kommst, ist rechtzeitig – oder??

Extremer Handyuser im Meeting

IRONIE

SPOTT/HOHN

SATIRE

SARKASMUS

ZYNISMUS

HUMOR

Extremer Handyuser im Meeting

IRONIE

- Schön, dass dein Handy so gut funktioniert!
- Sagen Sie schöne Grüße vom Fritzl!

SPOTT/HOHN

- Ihr Handy hat heute erst viermal geläutet – gibt's ein Problem?
- Gott, müssen Sie wichtig sein!

SATIRE

- Vielleicht sagt der Herr Klingkling auch einmal was!

SARKASMUS

- Wenn Sie so weitermachen, versetzen wir Sie in die Telefonzentrale!
- Unentbehrlich? Der Friedhof ist voller „Unentbehrlicher"!

ZYNISMUS

- Ein schweigendes Handy ist ein nutzloses Handy!
- Ich finde es genial, dass wir durch dich Kontakt zur Außenwelt halten können!

HUMOR

- Unser Pfadfinder: allzeit bereit!
- Geht's auch ohne das „Liebst-du-mich-noch-Kästchen"?

Der notorische Neinsager

IRONIE

SPOTT/HOHN

SATIRE

SARKASMUS

ZYNISMUS

HUMOR

Der notorische Neinsager

IRONIE

- War das schon alles, worum es nicht geht?
- Sag niemals nein!
- Ich stelle fest, dass Sie nicht mit allem einverstanden sind!
- Was wollen wir heute verhindern?

SPOTT/HOHN

- Neinsager werden heiß geliebt!
- Toll, wie Sie uns motivieren!

SATIRE

- Nein, nein, nein, aber nein ... (singen)
- Ein Nein kommt selten allein.

SARKASMUS

- Lieber tot als einmal ja!
- Wann haben Sie das letzte Mal ja gesagt?

ZYNISMUS

- Ihr Nein beschleunigt ungemein!
- Nein! Wie überraschend!
- Ist Ihr Nein jetzt ein Fortschritt oder ein Rückschritt?

HUMOR

- Unsere neue Gruppenregel: Sie dürfen statt einmal ja, zweimal nein sagen!
- Ihr Nein hat uns schon öfters weitergebracht!

3. Humor als Führungs- und Interventionsinstrument

In Hierarchien

Der Chef erzählt einen Witz. Alle lachen bis auf einen. Der Chef runzelt die Stirn und fragt ihn: „Sie finden den Witz wohl nicht gut?" „Nein", sagt der Mitarbeiter, „ich habe nämlich gerade gekündigt."

Über- und Unterordnungsstrukturen sind heute sehr kränkungsanfällig. Sowohl Vorgesetzte, die merken, wenn ihnen die Mitarbeiter nicht wirklich folgen, als auch Mitarbeiter, die den Eindruck haben, dass der Chef nicht wirklich auf sie hört, bekommen Identitätsprobleme. Es gibt nicht sehr viele Möglichkeiten, diese Identitätsprobleme zu bearbeiten und trotzdem das Organisationsprinzip der Hierarchie aufrechtzuerhalten. Witze können ein Instrument der Bearbeitung von Über- und Unterordnungssituationen sein.

Witze leben natürlich unter anderem von Übertreibungen, dennoch können die Bonmots, die man sich beim Bier über den Chef erzählt, ein Gradmesser für das Ausmaß der empfundenen Unterdrückung sein. Die Skala reicht hier von harmlos bis aggressiv:

Der Mitarbeiter stürzt herein zur Sekretärin des Chefs und sagt: „Können Sie bitte das Papier noch schnell austauschen, ich habe Ihnen vorher nicht den Brief an den Vorstand gegeben, sondern den Prospekt der Beerdigungsfirma." „Zu spät", sagt die Sekretärin, „der Chef hat schon unterschrieben."

Einigermaßen aggressiv ist dagegen die Geschichte mit dem Totengräber:

Ein Totengräber kommt ganz erschöpft nach Hause, zwei Stunden später als normal. Seine Frau fragt ihn, was denn los war. „Wir haben heute ein Vorstandsmitglied der Firma XY beerdigt. Da haben wir so einen Applaus bekommen, dass wir den Sarg zwölf Mal wieder hochkurbeln mussten.“

Da jeder Mensch Schwächen hat, kann man sich natürlich über diese lustig machen. Das Lachen in hierarchisch differenzierten Strukturen dient aber dazu, diese zu nivellieren und damit einen Unterschied deutlich zu machen, den wir oben beschrieben haben: Als Menschen sind Vorgesetzte und Mitarbeiter gleichwertig, als Funktionäre haben sie über- und untergeordnete Positionen. Dieser Unterscheidung dient das Lachen und insofern ist es auch destruktiv. Es kratzt an der funktionalen Autorität des Vorgesetzten.

Viele Chefs reagieren auf diese Situation in den Augen der Mitarbeiter ambivalent, indem diese im informellen Bereich eine Gleichstellung anstreben (Duzen, Bierabende, Betriebsausflüge etc.), im beruflichen Kontext aber den formellen Umgang pflegen.

Der beste Weg für den Umgang mit dieser Differenz ist wohl die Selbstironie:

> Stoßseufzer eines Vorgesetzten
>
> Kommt man morgens zu spät, ist man ein schlechtes Vorbild;
> kommt man pünktlich, ist man ein Aufpasser.
> Ist man zu seinen Mitarbeitern freundlich, will man sich anbiedern;
> ist man zurückhaltend, gilt man als hochnäsig.
> Kümmert man sich um die Arbeit seiner Leute, ist man ein Schnüffler;
> tut man es nicht, hat man von der Sache überhaupt keine Ahnung.
> Geht man oft zum Chef, ist man ein Radfahrer;
> geht man selten, traut man sich nicht.
> Hält man Konferenzen ab, ist man ein Schwätzer;
> hält man keine ab, ist man ein "Mann der einsamen Beschlüsse".
> Ist man schon etwas älter, gilt man als verkalkt;
> ist man noch jung, fehlt die Erfahrung des Alters.
> Bleibt man abends länger, markiert man den Überbeschäftigten;
> geht man pünktlich, fehlt das Firmeninteresse.

> Stimmt man sich mit seinen Kollegen ab, ist man ein Rückversicherer;
> tut man es nicht, ist man ein Eigenbrötler.
> Trifft man schnelle Entscheidungen, ist man oberflächlich;
> lässt man sich Zeit, mangelt es an Entschlusskraft.
> Nimmt man Urlaub, nutzt man seine Stellung aus;
> nimmt man keinen, fürchtet man um seine Stellung.
> Ist man genau, gilt man als pingelig;
> ist man es nicht, lässt man die Zügel schleifen.
> Hat man neue Ideen, ist man ein Phantast;
> bleibt man beim Alten, ist man rückständig.
> Delegiert man viel, spielt man den Generaldirektor;
> delegiert man nichts, spielt man den Unersetzlichen.

Ein Chef, der über sich selbst lachen kann, macht aus dem destruktiven Lachen der Mitarbeiter ein konstruktives. Die Ordnung bleibt erhalten, aber das Chaos wird zugelassen, denn die Angst vor dem Zusammenbrechen der Ordnungsstrukturen haben ja Vorgesetzte und Mitarbeiter gemeinsam. Nur in extremen Unterdrückungssituationen wünscht man sich die Auflösung der gesamten Struktur. In diesem Fall sind die Witze nur mehr destruktiv – jedenfalls aus Sicht der „Herrschenden“:

> Bei Mercedes werden fünf Kannibalen als Programmierer angestellt. Bei der Begrüßung der Kannibalen sagt der Firmenchef: „Ihr könnt jetzt hier arbeiten, verdient gutes Geld und könnt zum Essen in unsere Kantine gehen. Also lasst die Mitarbeiter in Ruhe." Die Kannibalen geloben, keine Kollegen zu belästigen. Nach vier Wochen kommt der Firmenchef wieder und sagt: „Ihr arbeitet sehr gut. Allerdings fehlt uns eine Putzfrau, wisst ihr, was aus der geworden ist?" Die Kannibalen antworten alle mit nein und schwören, mit der Sache nichts zu tun zu haben. Als der Firmenchef wieder weg ist, fragt der Boss der Kannibalen: „Wer von euch hat die Putzfrau gefressen?" Meldet sich hinten der letzte ganz kleinlaut: „Ich war es." Darauf der Kannibalen-Boss: „Du Vollidiot, wir ernähren uns seit vier Wochen von Teamleitern, Abteilungsleitern und Projekt-Managern, damit keiner etwas merkt. Und du Depp musst die Putzfrau fressen!"

Wie gezeigt, ist das Lachen ja stammesgeschichtlich ein Versuch der Gruppe, eine gemeinsame Emotionalität zu erreichen. Ein Chef mit Selbstironie, der auch mitlacht, erreicht diese Ebene der emotionalen Partizipation einer Gruppe und kann so die destruktive Gewalt des Lachens (gegen sich oder gegen andere Gruppen) in eine konstruktive Kraft verwandeln. Der Preis dafür wird manchmal wohl die Versammlung der Gruppe „gegen“ eine andere Gruppe sein. So geht es jedenfalls am einfachsten. Wesentlich schwieriger ist es, die Gruppe zu einer Reife zu führen, in der sie fähig ist, gemeinsam und auch über sich selbst bzw. die eigenen Gruppenmitglieder zu lachen.

Die wichtigste Funktion des Lachens besteht möglicherweise darin, eine gemeinsame positive Grundstimmung herzustellen. Dann lässt sich Kritik in offener und unbeschwerter Atmosphäre äußern. Kritik möglich machen ist das A und O jeder Führung. Ohne Kritik zu äußern oder zu bekommen fährt man irgendwann gegen die Wand. Erst dank Kritik sieht das blinde Auge der Führung, wohin es steuern muss. Durch das Lachen muss das Detail nicht ernst genommen werden, weil es bewusst in seiner Übertreibung akzeptiert werden kann. Der „wahre Kern“ kann dann ohne Gesichtsverlust herausgefiltert werden:

„Wir haben uns so oft den Vorschlägen der Abteilung XY beugen müssen, dass wir den roten Teppich gar nicht mehr einrollen sollten.“

Alle lachen. Wenn es passt, kann man ja nachfragen, was es damit auf sich hat. Das gemeinsame Lachen gibt auch dem Einzelnen jene Sicherheit, die er braucht, um Kritik äußern zu können. Ein Lacher über die kritische Bemerkung ist auch schon eine Art Belohnung, obwohl natürlich eine Prämierung der besten Veränderungsvorschläge sowieso zu empfehlen ist.

Wird Humor in einer Autoritätsdifferenz (z. B. Vorgesetzter – Mitarbeiter) als Bearbeitungsweise zugelassen, dann kann auch die Konterdependenz besser kanalisiert werden. In allen Abhängigkeitssituationen neigen die Abhängigen irgendwann dazu, sich gegen die Autoritäten zu wehren und zu versuchen, die Abhängigkeit umzudrehen oder zumindest die Autoritäten in Frage zu stellen.

Über diese Frage „Wie führe ich meinen Chef?“ haben sich schon viele Menschen den Kopf zerbrochen. In der Trotzphase bei kleinen Kindern sowie in der Pubertät bei Jugendlichen wird diese Frage zum Zentrum der Identitätsbildung. Aber auch Gruppen müssen in ihrem Reifungsprozess durch diese Sollbruchstelle. Humor macht diese Phase für beide Seiten (nämlich Autoritäten und Abhängige) deutlich erträglicher.

Die vermutlich größte Hürde, die erfolgreiche Führung in der Gegenwart nehmen muss, ist der Widerspruch von Performance durch Selbstständigkeit und Ordnung als Über- und Unterordnung. Mitarbeiter, die nur das ausführen, was man ihnen aufträgt – und eventuell sogar vorsagt –, werden immer weniger gebraucht. Dagegen wird die Zahl der selbstständig denkenden und handelnden Mitarbeiter immer größer.

Die immer komplexere Umweltsituation in Unternehmen, aber auch in Verwaltungen oder diversen anderen Institutionen (z. B. Universitäten), verlangt eine immer größere Flexibilität und Anpassungsfähigkeit der Mitarbeiter solcher Institutionen. Selbstständiges Denken und Handeln ist daher gefragt:

„Chef, ich hab jetzt alle Fenster gestrichen. Soll ich die Rahmen auch noch streichen?“

Auf der anderen Seite werden auch die Anforderungen an die Koordination und Zentralisierung der komplexen Strukturen immer höher. An diesem Punkt hat das System der Hierarchie ein Strukturproblem. Die Über- und Unterordnung ist nach dem Modell einer Familie mit Eltern und Kindern konstruiert. Die Soziologen nennen das „quasi-familiale Strukturen“. Die Hierarchie macht also aus Mitarbeitern „Kinder“ und die Vorgesetzten treten als „Väter“ und „Mütter“ auf. Dies wird zumindest vom Über- und Unterordnungsverhältnis suggeriert. Den Mitarbeitern wird vom System her nahe gelegt, sich an ihre Kindheit zu erinnern und die Vorgesetzten als Eltern anzuerkennen. Manche Vorgesetzte verstehen sich sogar explizit so: „Ich versuche meinen Mitarbeitern ein guter Vater zu sein.“ Man könne mit allen Problemen, die man habe, vertrauensvoll zum Vorgesetzten kommen und dieser werde sich um eine Lösung bemühen – so wie einst Vater oder Mutter in der Individualgeschichte des Mitarbeiters.

Ein Mitarbeiter bittet den Chef um eine Gehaltserhöhung. „Ich habe geheiratet.“ Der Chef: „Tut mir leid, aber für selbstverschuldete Unglücksfälle außerhalb der Firma können wir nicht verantwortlich gemacht werden.“

Deutlich wird hier die Konkurrenz zwischen echter Familie und den quasi-familialen Strukturen des Unternehmens.

Wenn eine solche Struktur als Über- und Unterordnung aber tatsächlich auf familiale Muster einrastet, dann ist irgendwann eine Pubertät bei den erwachsenen „Kindern“, den Mitarbeitern, unvermeidbar. Familie ist ja eine Organisation auf Zeit. Die Aufzuchtgemeinschaft endet mit dem Erwachsenwerden der Jungen und der damit verbundenen Trennung von der Familie, die sich im Zuge dieser Verselbstständigung auflöst.

Es gibt hier eine notwendige Sollbruchstelle in der Entwicklung jedes Menschen. Schon als kleines Kind erlebt er eine „Trotzphase“. In dieser Zeit wird die erste selbstständige Ich-Findung entwickelt. Nur durch das „Nein-Sagen“ zu einer Zumutung seitens der Eltern erlebt es sich als Urheber (lat. auctoritas) eigener Entscheidungen. Solange der Wille des Kindes immer mit dem Willen der Erwachsenen übereinstimmt, liegt der begründete Verdacht nahe, dass es sich nicht um eigene Willensbildung handelt, sondern eben um eine Reproduktion erwachsenen Willens. Erst durch das „Nein" zum Willen der Mutter (oder des Vaters) wird es zur eigenen Entscheidung.

Der Vater sitzt am Bett seines Sohnes und liest ihm ein Märchen vor. „Papi", unterbricht ihn der Sprössling, „würde es dir etwas ausmachen, leiser zu lesen, ich möchte schlafen."

Mutter: „Wie siehst du denn wieder aus? Du bist ja ein richtiges Ferkel! Weißt du auch, was ein Ferkel ist?" „Ja, das ist das Kind einer Sau!"

Meist äußert sich der Widerstand der Trotzigen etwas exzessiver, aber für die Identitätsbildung ist er notwendig. Ich habe ausführlich über diese Entwicklungsphase und über die kulturgeschichtlichen Hintergründe in meinem Buch über „Die ‚Heilige Ordnung' der Männer" (2005, S. 104) berichtet.

Hier sind vielleicht einige Überlegungen zur Austragungsart dieses Konfliktes sinnvoll. Nach meinen Erfahrungen ist dieser – ja unbedingt notwendige und unvermeidliche – Konflikt am besten auf humorvolle Art zu bewältigen. Seitens der Jungen wird ohnehin meistens versucht, sich über die Alten lustig zu machen.

In Wien war vor dem Auditorium maximum der Universität eine Garderobe. Bei den ersten drei Haken war eine Zeit lang ein Schild angebracht: „Nur für Professoren". Das Schild wurde entfernt, als ein Student einen Zettel dazu klebte, auf dem stand: „Man kann auch Mäntel hier aufhängen."

Im Hörsaal ist es totenstill, alle lauschen andächtig dem Professor. Plötzlich geht hinten die Türe auf und ein junger Mann kommt geräuschvoll herein. Alle erstarren und drehen sich nach dem Störenfried um. Der Professor sagt: „Junger Mann, haben Sie gedient?" „Selbstverständlich, Herr Professor!" „Und was hat man zu Ihnen gesagt, wenn Sie in der Früh eine halbe Stunde zu spät in die Kaserne gekommen sind?" „Guten Morgen, Herr Oberleutnant!"

Selbstverständlich gibt es auch die Gegenseite:

Frage: Was ist ein revolutionärer Student?
Antwort: Einer, der alles bestreitet außer seinem eigenen Lebensunterhalt ...

Die konterdependente Austragung von Autoritätskonflikten wird meist als aggressive Form des Humors erlebt – jedenfalls seitens der Autoritäten. Hier ist vielleicht eine Betrachtung der Struktur des Konfliktes hilfreich.

Der kleine Nein-Sager gewinnt seine Identität durch Entwickeln und dann aber auch Festhalten an einer Gegenposition gegen die Autorität, von der er abhängig ist (daher der Name „Konterdependenz" oder Gegenabhängigkeit für diese Phase). Durch diese Entwicklung muss er aber durch, ohne dass eine der beiden Seiten nachgibt. Gibt der Abhängige nach und vollzieht doch den Willen der Autorität, ist die Entwicklung im Sinne einer Ablösung misslungen, denn das Ziel dieser Reifephase ist natürlich, eine eigene Entscheidung ohne Einbeziehen der Autorität treffen zu können. Dies will aber gelernt und auch ausprobiert sein. Das Ballen der Faust in der Tasche ist zu wenig. Erst die Durchführung einer eigenen – gegen den Willen der Autorität getroffene – Entscheidung ermöglicht die Gewissheit: Ich schaffe es auch ohne die Autorität. Ohne diese sozusagen praktische Konsequenz des Pubertätskonflikts kann eine Identitätsbildung nicht gelingen.

Misslingen kann diese Entwicklung aber auch von der anderen Seite, wenn nämlich die Autorität nachgibt. In diesem Fall wird der Konterdependente um seine Identitätsbildung betrogen, da sein Wille mit dem der Autorität übereinstimmt.

Treffen sich zwei alte Freunde im Wirtshaus: „Heute habe ich die Herrschaft über meinen Wagen verloren!!" „Zu schnell gefahren?" „Nein, meine Tochter hat den Führerschein gemacht."

Die notwendige Führungsleistung für Väter aller Art, also z. B. auch für „väterliche" Vorgesetzte, besteht darin, Widerstand zu leisten. Dabei muss man abwarten, ob und wie die Identitätsbildung beim konterdependenten Sohn oder Mitarbeiter gelingt.

Hier ist m. E. der Ansatzpunkt für den Humor, denn das Hauptproblem für die meisten Vater-Sohn-Konflikte ist der subjektive Komfortverlust beim Austragen des Konflikts. Insbesondere die Autoritäten leiden sehr, weil sie diesen Konflikt persönlich nehmen. „So viele Jahre habe ich dich erzogen – alles nach bestem Wissen und Gewissen – und jetzt dies." Gerade die „guten" Väter, die sich am meisten bemüht haben, trifft es am härtesten, weil hier die Abhängigkeit auch größer ist als bei den Gast-Vätern, die sich nicht viel gekümmert haben und bei denen daher auch keine großen Ablösungskonflikte notwendig sind.

Wir finden folgende zentrale Elemente dieser Führungsleistung:

1. Nicht nachgeben, sondern Widerstand leisten. Andernfalls verlängert sich nur die Ablösungsphase.
2. Nicht persönlich nehmen, auch mit Schuldgefühlen seitens der Konterdependenten kann die Phase verlängert werden – abgesehen vom schon erwähnten Komfortverlust.
3. Verhältnismäßigkeit der Reaktion: Manche Väter sind so stark gekränkt, dass sie ihr „Familienexperiment" überhaupt als gescheitert ansehen.

Auch in der Familie gibt es hier den Unterschied von Person und Funktion. Das ist ja das Dilemma, dass sich der Widerstand gegen die Funktion Vater, Vorgesetzter, Autorität richtet und nicht gegen die Person.

Gerade für diese Unterscheidung ist der Humor wichtig. Er hilft, die Aggression nicht persönlich zu nehmen, und entlastet auch den aggressiven Konterdependenten, wenn er merkt, dass seine Witze nicht persönlich genommen werden.

Die – zumindest in der Phantasie der „Untertanen" – mögliche Umkehr der Machtverhältnisse bereitet je nach Grad der Abhängigkeit großes Vergnügen:

Mitarbeiter zum Chef: „Wenn Sie mir keine Gehaltserhöhung geben, erzähle ich allen, Sie hätten mir eine gegeben."

Dazu passende Gegenwitze signalisieren den Widerstand, der für Identitätsbildung notwendig ist. Chefs erzählen sich daher beim Bier Witze mit umgekehrten Vorzeichen:

Mitarbeiter zum Chef: „Finden Sie nicht auch, dass ich nicht meinen Leistungen entsprechend bezahlt werde?“ Chef: „Finde ich auch – aber ich kann Sie ja schließlich nicht verhungern lassen.“

Autoritätsdifferenzen sind grundsätzlich unvermeidlich. Ob es sich um solche zwischen Eltern und Kindern, Lehrern und Schülern oder um solche zwischen Funktionären einer Organisation handelt, die Menschen werden nie gleich sein. Die Bearbeitung von Autoritätsdifferenzen ist m. E. die Voraussetzung dafür, dass ein Sozialgebilde mit asymmetrischen Machtverhältnissen arbeitsfähig ist und seinen Zweck erfüllen kann.

Ich glaube, dass die Angst der Funktions- und Autoritätsträger vor Humor oft berechtigt ist, weil mit dem Lachen das Chaos aufblitzt. Es droht der Anfang vom Ende der Autorität, wenn man zulässt, dass sich Menschen offen über ihre Autorität lustig machen. Trotzdem führt kein Weg daran vorbei. Ich sehe keine andere Möglichkeit, Autoritätsverhältnisse (dort wo es notwendig ist) zu stabilisieren, als sie auf die Bewährungsprobe zu stellen und sie durch das Fegefeuer des Komischen zu schicken. Andernfalls wird die Autorität heimlich und im Untergrund ausgelacht, man erzählt sich Geschichten, die oft weit übertrieben oder überhaupt erfunden sind, nichtsdestotrotz aber geglaubt werden, weil der Vorgesetzte entsprechende Abwehrhaltungen signalisiert. Hier büßen auch die verschiedenen Vertreter von „Heiligen Institutionen“ aller Art ganz schnell ihre Autorität ein, wenn sie verbieten, dass man sich über sie lustig macht, etwa mit Witzen, die im Untergrund über Vertreter der Kirche kursieren, die sich z. B. sexuelle Verfehlungen haben zu Schulden kommen lassen.

Der Häuptling kommt zum Missionar und sagt: „Wie kommt es, dass eine Frau ein weißes Baby bekommen hat, wo du doch der einzige Weiße im Dorf bist?“ „Schau, ganz einfach. Siehst du diese Wiese dort? Alle Schafe sind weiß, nur das eine ist schwarz ...“ „Okay, wenn du den Mund hältst, tu’ ich es auch!“

Je mehr eine Schwäche oder ein Verhalten der Autorität zum Tabu stilisiert wird, desto mehr reizt es, sich über diese lustig zu machen. Ich hatte schon öfter Erfolg bei Interventionen mit einem cholerischen Chef, wenn ich sagte: „Babys sind wie manche Chefs, sie glauben alles zu bekommen, wenn sie nur laut genug schreien.“

Ordnung und Chaos sind Gegensätze, daher wird Ordnung durch die Einbeziehung chaotischer Tendenzen viel stabiler und besser akzeptiert. Ein etwa via Humor in die Ordnung integriertes Chaos bedroht die Ordnung nicht mehr. Diesem Ziel, Chaos – oder genau genommen Freiheit und Ordnung – zu vermitteln, dient auch die Steuerung von Gruppenprozessen.

Umgang mit Fehlern – Tadeln mit Humor

Ein wichtiges Element der Führung ist der Umgang mit Fehlern – seien es eigene, seien es fremde. Fehler sind unvermeidlich und stellen eine klassische Aporie dar. Einerseits müssen sie bekämpft werden und gehören so zu den negativen Seiten des Lebens und der Arbeit. Auf der anderen Seite müssen sie positiv bewertet werden, da sie Lern- und Verbesserungschancen darstellen.

„Wenn ich aus meinen Fehlern lerne, müsste ich bald ein Genie sein.“

Eine rein negative Bewertung würde demotivieren und die Kommunikation bzw. die Beziehung stören. Nicht wenige Beziehungen scheitern an der Nörgelei. „Ich mache doch immer alles falsch.“ Irgendetwas kann man immer kritisieren.

Eine rein positive Bewertung von Fehlern würde aber dazu anregen, weitere Fehler zu machen. Nicht selten versuchen Menschen durch Fehler die Aufmerksamkeit auf sich zu lenken. Dieser Widerspruch kann am besten mit Humor bewältigt werden. Hier ist sowohl die Kritik als auch die Anerkennung enthalten.

„Ich glaube“, sagt der Chef, „von allen Mitarbeitern, die hier arbeiten, sind Sie am meisten auf den Beinen.“ „Wieso?“ „Weil Sie den größten Bogen um die Arbeit machen.“

In manchen Unternehmen hängt am schwarzen Brett eine Liste der häufigsten Entschuldigungen bei Fehlern. Am Ende der Liste wird angeregt, in Zukunft nur noch die Nummer anzugeben. (Neuberger, 1988, S. 183 f.).

Tabelle der Entschuldigungen

Bitte geben Sie aus Zeitersparnisgründen Ihre Entschuldigungen künftig nur noch als Nummer an:

0. Das haben wir doch noch nie so gemacht.

1. So haben wir es doch immer gemacht.

2. Dazu liegen mir keine Unterlagen vor.

3. Das betrifft nicht meine Abteilung.

4. Niemand hat gesagt, dass das so eilig ist.

5. Ich warte noch auf die Bestätigung.

6. Ich konnte nicht wissen, dass da ein Unterschied ist.

7. Das ist nicht meine Aufgabe.

8 Warten Sie, bis der Chef kommt, und fragen Sie ihn.

9. Das geht nicht so einfach, ohne schriftliche Anweisung.

10. Ich dachte, das ist nicht so wichtig.

11. Ich war gerade so beschäftigt, dass ich noch nicht dazugekommen bin.

12. Ich dachte, das hätte ich Ihnen gesagt.

13. Für so etwas bin ich nicht angestellt worden.

In Gruppen

Gruppen oder Teams sind m. E. das wichtigste Anwendungsfeld für Humorinterventionen. Dies gilt sowohl für hierarchisch geführte Gruppen (also Chef und Mitarbeiter) in Organisationen als auch für kooperative Teams wie Projektgruppen, Montageteams bis hin zu hochrangigen Expertengruppen (Vorstände). Humor in Gruppen setzt einen gewissen Reifegrad voraus, beschleunigt aber auch einen solchen Reifeprozess. Nach 40 Jahren Arbeit in Gruppen bin ich doch immer wieder überrascht, was alles in Menschen drin steckt, wenn man sie lässt. Die trockensten und wie es schien humorlosesten Typen, die am Beginn einer Gruppenentwicklung kaum ein Lächeln über die Lippen brachten, entwickelten eine Performance in Sachen Heiterkeit, die niemand für möglich gehalten hätte – meist auch sie selbst nicht.

Die moderne Gehirnphysiologie behauptet heute, dass viele Ressourcen im Menschen vorhanden sind, die wir aber nicht immer und überall nutzen können. Jeder kennt das Gefühl, dass er nach einer wichtigen Situation (Vorlesung, Prüfung, Gespräch mit Chef, Gespräch mit Mitarbeitern, Präsentation etc.) plötzlich weiß, was er alles hätte sagen oder tun können, aber nicht gesagt oder getan hat, weil diese Ressourcen in dem Augenblick nicht abrufbar waren.

„Schlagfertigkeit ist, wenn einem 24 Stunden später einfällt, was man hätte sagen können.“

Wir wissen heute schon etwas mehr über die Bedingungen, unter denen bestimmte Ressourcen blockiert oder mobilisierbar sind. Einer der wichtigsten Umstände ist das Anerkanntsein in einer Referenzgruppe. Da kann man „aus sich heraus gehen“, da ist man plötzlich ein Anderer.

Menschen, die sich im Büro vom Chef und zu Hause vom Partner unterdrückt fühlen, treffen sich zum Ausgehen z. B. gerne beim Sport oder am Stammtisch, wo sie über eine Referenzgruppe verfügen, in der sie uneingeschränkt anerkannt werden und daher ihre Fähigkeiten mobilisieren können. Hier geht es meist sehr lustig zu. Alkohol scheint hier Blockaden zu lösen und den Zugang zur Heiterkeit zu verbessern.

Eine Kunst des Führens mit Humor könnte es sein, ein Arbeitsteam zu einer Art Referenzgruppe zu entwickeln, in der jeder Einzelne sich so sicher und gut fühlt, dass er seine Ressourcen mobilisieren kann. Solche Gruppen leisten – sozusagen spielerisch – viel mehr als weniger gut funktionierende Gruppen, in denen es Angst gibt und Frustration, Neid oder Feindschaften. Humor stellt die Voraussetzung dar, Probleme oder Irritationen entweder nicht entstehen zu lassen oder jedenfalls zeitnah zu bearbeiten.

Wenn eine Vertrauensbasis in einer Gruppe so groß ist, dass die Mitglieder in der Lage sind, auf lustige Weise Kritik aneinander, am Chef, an der Organisation etc. zu üben, dann hat die Gruppe einen hohen Reifegrad erlangt und man kann von ihr auch sonst größere Leistungen erwarten.

In Österreich hat ein Fußballtrainer den Misserfolg der österreichischen Mannschaft auf die Humorlosigkeit zurückgeführt. Es heißt in einer österreichischen Tageszeitung (Der Standard vom 2./3.9.2006): *„Sich gegenseitig nur streicheln bringt nichts. Hickersberger stimmte zu, forderte eine weitere Tugend: ‚Es fehlt der Humor, der Spaß. Unter Typen wie Ogris, Herzog oder Polster war das anders. Mannschaften, die lachen, spielen besser Fußball.'“*

Frage des neuen Direktors bei seinem ersten Rundgang an einen Mitarbeiter: „Seit wann arbeiten Sie hier?“ Antwort: „Seitdem man mir mit der Kündigung gedroht hat!“

Gruppen und Gruppenfeinde

Der Start für eine solche Entwicklung ist am einfachsten durch die heitere Betrachtung einer „Feindgruppe“, über deren „Marotten“ man sich lustig macht. Eine wichtige gruppendynamische Intervention besteht darin aufzuzeigen, dass man im Prinzip dieselben Fehler, die man an der anderen Gruppe feststellt, selbst auch macht. Es handelt sich meist um Projektionen: „In der anderen Gruppe machen alle nur, was der Chef sagt. Wie ist es bei uns? In der anderen Gruppe wird nur unter Kontrolle gearbeitet. Wie ist es bei uns?“ usw.

Die Übernahme solcher oder ähnlicher Projektionen in die Eigenverantwortung stellt den großen Freiheitsschritt dar, der die Gruppe reifen lässt. Die Führungsleistung besteht hierbei gar nicht so sehr darin, selbst mit guten Pointen oder Witzen die Gruppe zum Lachen zu bringen, sondern eher die Mitglieder der Gruppe zu ermuntern, sich zu trauen, selbst etwas zur Heiterkeit beizutragen. Gewonnen hat man als „Führungskraft" (so paradox das klingt), wenn man selbst in einer Gruppe Zielscheibe des Spotts oder zumindest lustiger Bemerkungen ist.

Ich weiß z. B. immer, dass ich schon gewonnen habe, wenn sich in einer von mir geleiteten Trainingsgruppe jemand am Beginn einer Sitzung mit ausgestreckten Beinen in den Sessel lümmelt und demonstrativ zu gähnen anfängt. Sobald jemand fragt, was er da mache, sagt er: „Ich übe mich als Trainer" oder „Ich starte gerade eine Karriere als Gruppendynamiktrainer". Obwohl mir das nicht bewusst ist (ich glaube nämlich, ich lümmle nie), werde ich sofort als Zielscheibe des Spotts identifiziert, und diese Sequenz startet dann meist eine Periode der Kritik an mir und meinem Trainerverhalten. Hinterher ist die Gruppe in der Lage, auch andere Themen auf humorvolle Weise zu bearbeiten.

ICH LÜMMLE NIE.

Philip E. Slater hat in seinem Buch „Mikrokosmos, eine Studie über Gruppendynamik" schon 1970 beschrieben, dass eine Bearbeitung von „Membership-Problemen" als Voraussetzung hat, dass das „Leadership-Problem" gelöst ist. Daher erkannte er den notwendigen Angriff auf den Leiter einer Gruppe, bevor diese selbstständig werden konnte. Dieser Angriff ist fast nur mit großem Gelächter möglich. Slater schreibt:

> „Eine Woche später bemerkte Jim, er und andere Mitglieder säßen oft mit gefalteten Händen da, ganz ähnlich wie der Leiter. Man brachte die Deutung vor, diese Geste habe die Funktion, ‚ein Grinsen zu verbergen'. Unter viel Heiterkeit wurden ärgerliche Äußerungen darüber laut, dass man wie unter Zwang stets mit seinem Titel von ihm spreche, und jemand machte den Vorschlag, stattdessen nur seinen Familiennamen oder seinen Vornamen zu benutzen. Als ein Mädchen von seinem ‚Grübchenlächeln' sprach, setzte Schuldgefühl darüber ein, dass man ‚ihn von seinem Piedestal stoße'. Paul, der im Sitzen an einem Schal herumfingerte, wurde scherzhaft gefragt, ob er ‚sich darauf vorbereite, den König umzubringen'."

Ich glaube, dass eine Entthronisierung der Autorität fast immer – jedenfalls anfangs – auf die Heiterkeit angewiesen ist. Erst das gemeinsame Lachen macht eine Gruppe stark genug, diesen Schritt in die Selbstständigkeit zu tun. Der Beginn eines solchen Prozesses ist oft eine lustige Betrachtung eines Sachzusammenhangs.

Dienstprüfung in der Marokkaner-Kaserne. Der junge Inspektor wird gefragt: „Was tun Sie, wenn Sie um 2 Uhr in der Früh eine Gestalt auf die Kaserne zukriechen sehen?" „Na, ... ich bringe den Herrn Oberst auf sein Quartier!"

Frage: Warum gehen die Polizisten seit neuestem immer zu dritt auf Streife? Antwort: Einer kann lesen, einer kann schreiben, und der dritte muss auf die zwei Intellektuellen aufpassen!

Frage: Was ist der Unterschied zwischen einem Amt und dem Eiffelturm? Antwort: Beim Eiffelturm sitzen die größten Nieten unten.

Da fast alle Formen des Komischen das Aufleuchten einer alternativen Betrachtungsweise an sich haben, ergibt sich auch für Sachzusammenhänge ein Vorteil, wenn man versucht, die „Sache" von der lustigen Seite zu nehmen. Ich habe gar nicht so selten erlebt, dass z. B. in Projektgruppen – anfangs abends beim Bier – erst die „Verarschung" eines Sachzusammenhanges (= seine Auflösung in komische Sequenzen) die Gruppe auf neue Dimensionen aufmerksam gemacht und damit in der Arbeit ein Stück weiter gebracht hat. Ich interveniere dann meist in die Richtung, dass das „Verblödeln" eines Sachzusammenhanges durchaus auch im Rahmen einer offiziellen Arbeitseinheit oder einer Pause erlaubt und sinnvoll sei. Plötzlich kommen dann die „Querdenker" zum Zuge und bringen gute Einfälle. Die „Kreativen" in der Werbebranche oder in der Redaktion von Zeitungen oder Radio und Fernsehen haben dies immer schon gewusst – es dringt heute auch in die ernsthaften Gremien von Wirtschaft und Verwaltung.

Das „Verblödeln" eines Sachzusammenhanges geht oft mit „quasifamilialen" oder biomorphen Denkmustern einher. Ich erinnere mich noch an eine Szene, als ich für ein Automobilunternehmen gearbeitet habe. Die Ingenieure der Forschungs- und Entwicklungsabteilung saßen abends beim Bier zusammen und „verblödelten" ihr Produkt. Erstaunlicherweise kamen dabei die Kategorien heraus, die wir durch Interviews über die Bedeutung „ihres" Autos bei Autofahrern feststellen konnten. Das Auto wurde als Quasi-Lebewesen gesehen. Die Teile wurden mit Organen gleichgesetzt, z. B. Scheinwerfer – Augen, Motor – Herz oder Potenz, Räder – Füße, Auspuff – After. Auch die Ausdrücke und Wendungen, über die stark gelacht wurde, gingen von menschenähnlichen Metaphern aus: „Jemand in den Auspuff schauen lassen."

Später stellte sich durch unsere Forschungen heraus, dass gerade diese Bierabende abseits des alltäglichen Ernstes viele Dimensionen des Produktes sichtbar gemacht hatten. Die Ingenieure konstruierten ein Auto, das immer dann den Motor abschaltete, wenn man vom Gas ging. Beim Antippen des Gaspedals sprang der Motor wieder an. Auf diese Weise konnte viel Sprit gespart werden. Das Auto wurde bis zur Serienreife entwickelt, leider wurde es vom Käufer dann nicht angenommen. Bei unserer Untersuchung stellte sich heraus, dass schon die Testfahrer (es waren Postzusteller) meist diese Automatik abschalteten und den Motor laufen ließen. Der Grund dafür lag ausschließlich in den Emotionen. Wenn der Motor plötzlich „abstirbt", hat man als Fahrer das Gefühl, „es bleibt das Herz stehen", oder noch schlimmer, „die Potenz versagt". Mit dem Motor verbinden viele Auto- und Motorradfahrer Potenzgefühle („100 PS zwischen den Beinen").

Derart unangenehme Erlebnisse (jedes Mal beim „weg vom Gas“) stehen in keinem Verhältnis zur Reduktion des Spritverbrauches. Die Produktion des Autos wurde schließlich eingestellt. Es war eine technische Meisterleistung, aber eine emotionale Fehlkonstruktion.

Für mich besonders interessant ist aber die Tatsache, dass all die verantwortlichen Ingenieure am Abend beim Bier und beim „Verblödeln“ ihres Produktes auf lustige Weise bereits wussten, was hier los war, nämlich, dass im emotionalen Bereich, von der Produktbedeutung her, der Motor auf keinen Fall „absterben“ darf. Hätten die Entwickler ihre „Blödeleien“ ernst genommen, hätten sie viel Geld erspart.

Der Humor stellt also in Gruppen auch eine Art Erkenntnis- und Informationsquelle dar, die offenbar auf andere Art und Weise (also ernst) nicht oder noch nicht zugänglich ist.

Der wichtigste stammesgeschichtliche Hintergrund für dieses Lachen über ernsthafte Produkte dürfte die Verstärkung des Zugehörigkeitsgefühls der einzelnen Mitglieder durch dieses gemeinsame Lachen sein. Das Muster dürfte bei Männern stärker ausgeprägt sein als bei Frauen (siehe Kapitel Übertreibung und Verfremdung).

Die Männergang

Die Jagdgruppe – etwa 7 bis 12 Personen – spielte in der Evolution des Homo sapiens eine große Rolle, weil nur mit ihrer Hilfe große Tiere gejagt und abtransportiert werden konnten. Die Jagd als Nahrungsbeschaffung wiederum hing mit dem großen Eiweißbedarf und weiteren Notwendigkeiten der Evolution zusammen. Die dabei entwickelten Muster der Kooperation in einer Männergruppe sind noch heute vorhanden. Mit solchen Gruppen identifizieren sich Männer deutlich leichter und besser als Frauen. Die Fußball-Elf z. B. könnte als moderne Variante einer solchen unter Konkurrenzbedingungen lebenden Jagdgruppe angesehen werden.

Erfolgreich – so die These – konnten nur jene männlichen Jagdgruppen sein, bei denen es eine Art Gleichschaltung der einzelnen

Mitglieder der Gruppe auf eine gemeinsame Emotionalität gab. Damit war die Gruppe in ihrer Gesamtheit handlungsfähig und auf ein – meist eben kämpferisch erreichbares – Ziel programmier- und einsetzbar. Eines der wichtigsten Instrumente dieser Gleichschaltung war vermutlich das gemeinsame Lachen, vor allem über äußere Feinde. Daneben waren sicher auch rhythmische Handlungen (Tanzen, Singen, Trommeln etc.) notwendig. Ein Außenseiter, der die Stimmung zerstört, war hier sicher nicht brauchbar, denn er hinderte die Gruppe daran, eine gemeinsame Emotionalität zu entwickeln. Für viele war ein solcher Außenseiter, der nicht mitlacht, mittanzt, mitsingt etc., sogar gefährlich. Dies würde die Aggressivität erklären, die einem solchen Außenseiter in einer Männergruppe, die sich auf dem emotionalen Gleichschaltungstrip befindet, entgegenschlägt. Die meisten Männer sind daher auch anfällig für die verschiedenen Arten von Konformitätsdruck, der von einer Gruppe auf ihre Mitglieder ausgeübt wird. Frauen reagieren auf Erhöhung des Konformitätsdrucks eher mit erhöhtem Widerstand.

Das gemeinsame Lachen einer (Männer-)Gang wirkt auf Außenstehende oder andere Gruppen meist abstoßend, insbesondere wenn dahinter eine gewisse Aggressivität spürbar wird. So sagen manche Feministinnen – ich glaube zu Recht – „Wein, Weib und Gesang ist besser als Bier, Mann und Gebrüll“. Die Witze, die von solchen Männer-Gangs gemacht werden, richten sich nahezu immer gegen die Frauen und werden von ihnen auch als sehr diskriminierend erlebt:

„Nehmt ihr noch Müll mit?“, ruft die Hausfrau, mit Lockenwicklern im Haar, einen alten Kittel an und in jeder Hand zwei Müllsäcke. „Aber klar“, brüllt der Müllmann zurück, „spring eben auf.“

Der Mann geht in die Apotheke: „Haben Sie Zyankali“ „Ja, im Prinzip schon, haben Sie ein Rezept?” „Nein, aber ein Foto von meiner Alten!”

Die Frauen lachen über die Gegenwitze:

Eine Frau geht zur Wahrsagerin. Die sagt ganz entsetzt: „In den nächsten Tagen wird Ihr Mann sterben". Darauf die Frau: „Das weiß ich schon, was ich von Ihnen wissen will, ist, ob ich freigesprochen werde!"

Was haben Männer und Wolken gemeinsam? Wenn sie sich bis Mittag verzogen haben, kann es noch ein schöner Tag werden.

Im Pubertätsalter lässt sich das gemeinsame Lachen auch bei Mädchen beobachten, allerdings in einer viel kleineren Konstellation. Bei Mädchen handelt es sich meist um zwei bis drei, höchstens vier Personen, die zusammenstecken und kichern oder lachen. Sobald die Anzahl größer wird, wächst auch die Wahrscheinlichkeit, dass eine dabei ist, die dafür sorgt, dass den anderen das Lachen vergeht.

Auch hier hat das Lachen eine kooperationsstabilisierende Funktion. Allerdings mussten Frauen in der Geschichte nie gemeinsam handelnde Gruppen bilden, sodass dieses Muster bei Männern stärker ausgeprägt ist. Vielleicht könnte man anhand des Lachens verschiedene Stufen der Reifeentwicklung unterscheiden. Die unterste Stufe ist sicher das gemeinsame Lachen zweier oder mehrerer Personen über einen Dritten, das wirkt beziehungsstabilisierend. Wahrscheinlich kommt dies stammesgeschichtlich vom Ärger über Außenseiter, die normabweichendes Verhalten zeigen und damit die Gruppe gefährden. Spotten kommt etymologisch von Spucken, Spucken wäre eine aggressive Geste gegen einen Außenseiter oder jedenfalls einen, der bestraft werden soll. Auch das aggressive Zunge-Zeigen gegen jemanden, den man „auslacht", soll die gemeinsame Emotionalität stabilisieren. Das Nachäffen eines abgelehnten Verhaltens ist wahrscheinlich die ursprünglichste Form des Verspottens, die dann später in höhere kulturelle und geistige Dimensionen weiter entwickelt wurde.

So aggressiv das „Auslachen" auch sein mag, es stellt eine aggressionsabführende Form der Behandlung von Normabweichlern dar. Verschiedene Untersuchungen von Psychologen (D. Landy, D.

Mattl, J. S. Ehen etc.) haben ergeben, dass Humor und Lachen eine Art kathartische, reinigende Wirkung haben. Aggressiv gestimmte Personen, denen man Witzzeichnungen zeigte, waren deutlich weniger aggressiv als solche, die „nichts zum Lachen" hatten. Lachen kann zwar aggressiv sein, hat aber gleichzeitig eine aggressionsabführende und spannungslösende Wirkung, deswegen kann Humor auch in aggressiven Situationen als Intervention zur Verringerung oder Beseitigung von Aggressionen eingesetzt werden. Autoritäten, über die man lacht, über die Witze erzählt werden, sind „populärer" als solche, über die keine Witze gemacht werden.

Ursprünglich – noch bei den Affen zu beobachten, wie der Ausdruck „nachäffen" zeigt – hatte die Imitation eines Verhaltens vermutlich den Sinn, durch Imitation der Alpha-Position etwas zu lernen. Was der macht, der in der Rangordnung oben steht, kann nicht so verkehrt sein (sonst wäre er ja nicht oben).

Ein Problem hat die Gruppe dann, wenn das Verhalten des Obersten einmal nicht hilfreich und nachahmenswert ist. In diesem Fall würde die Nachahmung den unteren Rängen, die das Verhalten kopieren, schaden statt zu nützen. Der Chef wäre hier ein schlechtes Vorbild. Vielleicht kommt das Verspotten – eben ein Verhalten imitieren – daher, dass damit dem Betreffenden gezeigt werden soll, dein Verhalten können wir nicht nachahmen, damit würden wir uns schaden. Es wäre dies ein erstes Heraustreten des Homo sapiens aus dem Muster, immer die Alpha-Position zu imitieren.

Spott ist in diesem Fall auch eine Form der Reflexion des Musters, das es als ein solches sichtbar macht. Vielleicht ist diese Art des „demonstrativen Nachahmens" eine Art nicht ernst gemeinter Angriff. Hier würde „necken" und „verspotten" näher zusammenrücken. „Was sich liebt, das neckt sich", heißt ein Sprichwort.

Wenn dies stimmt, dann könnte ein Necken oder Verspotten auch den Versuch einer Gleichstellung bedeuten, eine Verwischung der Rangunterschiede zugunsten einer primären, egalitären Kommunikation.

Meist wird das „Auslachen" aber als aggressiv empfunden. Mit der Kanalisierung der Aggressionen durch den Humor wird die

Kritik gewissermaßen aggressionsgedämpft reguliert und daher leichter geäußert. So kann der Realitätsverlust einer Gruppe minimiert werden, denn die positive Seite und Funktion einer Gruppe, nämlich dem Einzelnen Sicherheit zu geben und eine gemeinsame Emotionalität herzustellen, ist auf der anderen Seite eine große Gefahr, weil sie einem Realitätsverlust Vorschub leistet. Worauf immer eine Gruppe sich einigt, es stellt nur ein abstraktes Abbild der Realität dar, das immer wieder korrigiert werden muss. Da diese Korrektur von außen kommt, wird sie durch die kritische Reflexion der verschiedenen Formen des Humors von innen aktiviert.

Karin Lackner hat in ihrem Essay „Macht Lachen frei? – die kathartische Wirkung von Humor“ (2004, S. 3) die beiden Seiten des Lachens auch als Problem der Dosis identifiziert: „In der Ankündigung eines Kongresses in der Kleinen Zeitung vom 24. Jänner wird der Humor als Droge gegen den Grant, böse Überraschungen, Krankheiten und unheilvolle emotionale Verstrickungen verschrieben. Die Droge verspricht Schönheit, Klugheit, Glück und Gesundheit. Wie bei jeder Droge kommt es aber auch beim Humor auf die Dosierung an. Zu viel davon oder falsch indiziert und angewandt kann auch das Gegenteil der angekündigten Lobpreisungen des Produktes Humor bewirken, bis zu dem Punkt, wo Lachen als Folter eingesetzt wird.“ Lackner weiß sich dabei einig mit anderen Philosophen und zitiert etwa Gogol mit der Bemerkung: „Wenn man eine komische Geschichte lange und aufmerksam betrachtet, wird sie immer trauriger.“ Vielleicht liegt hier auch der Schlüssel für das Rätsel, warum Kinder über dieselbe lustige Geschichte immer wieder lachen können, Erwachsene aber nicht.

Lackner macht noch auf einen weiteren Umstand aufmerksam: Humor stellt zwar den „Versuch einer Problemlösung“ dar, ist selbst aber keine Problemlösung. Ändern kann sich durch das Lachen „der emotionale Zugang“, und damit ist natürlich schon eine gute Voraussetzung für die Lösung gegeben. Insofern Lachen eine emotionale Bewegung ist, kann es sogar eine Lösung darstellen, die später dann erst rational erfassbar wird.

Gruppenfunktionen

Eine der wichtigsten Schritte auf dem Weg zu einer funktionsfähigen Gruppe ist die Reflexion der einzelnen Gruppenfunktionen und ihre Aufteilung auf die Gruppenmitglieder. In sehr unreifen Gruppen müssen die wichtigsten Funktionen von der Autorität in dieser Gruppe wahrgenommen werden. Dies kann eine Funktionsautorität sein (Chef) oder ein informeller Führer, der von allen anerkannt wird. Ziele setzen, wichtige Informationen liefern, Entscheidungen treffen etc. sind Sache des Chefs. Ist seine Autorität sehr groß, dann kann es sein, dass er nicht nur zielorientierte Funktionen, sondern auch gruppenorientierte Funktionen monopolisiert hat. In diesem Fall wird er auch Konflikte bearbeiten, Außenseiter integrieren oder die Identifikation der einzelnen Mitglieder mit der Gruppe diagnostizieren. Wo der Chef gerade steht, zeigen die Witze, die über die verschiedenen Führungsstile gemacht werden:

> Management by Hai (MobyDicking):
> Auftauchen, Schrecken verbreiten, abtauchen.
>
> Management by Staubsauger:
> Der Chef surrt den ganzen Tag herum und kümmert sich um jeden Dreck.
>
> Management by Champignon:
> Mitarbeiter im Dunkeln lassen, von Zeit zu Zeit mit Mist bestreuen und wenn sich Köpfe zeigen – sofort absäbeln!
>
> Management by Helicopter:
> Über allem schweben, von Zeit zu Zeit auf den Boden kommen, viel Staub aufwirbeln und dann wieder ab in die Wolken!

In den meisten Gruppen ist das Wahrnehmen der gruppenorientierten Funktionen allerdings einer anderen Person, die nicht selten mit dem zielorientierten (meist hierarchischen) Vorgesetzten konkurriert, vorbehalten. Wenn die beiden – die zielorientierte und die gruppenorientierte Führungsperson – kooperieren, sprechen wir auch von Führungsdualen.

Wenn eine Gruppe reifer ist und eine bessere Performance hat, dann sind die Gruppenfunktionen meist auf mehrere oder im Idealfall auf alle Mitglieder der Gruppe verteilt. Der „Chef" hat dann meist nur noch die Funktion, die Gruppe nach außen zu vertreten. Entscheidungen werden z. B. bei solchen Gruppen oft im Konsens getroffen. Wir wissen heute, dass etwa hochrangige Expertengruppen (Vorstände), die konsensfähig sind, die beste Performance und damit die niedrigste Floprate bei Entscheidungen haben.

Nur – wie wird man eine reife konsensfähige Gruppe? Solche Gruppen fallen nicht vom Himmel, sondern müssen diese Fähigkeiten durch einen mühsamen Reifeprozess sich erwerben. Dieser Reifeprozess gelingt am besten über den Humor. Es gibt eine große Anzahl von Hürden, die eine solche Gruppe überwinden muss. Um sie zu überwinden, sind sowohl rationale als auch emotionale Prozesse notwendig. Psychologen oder Biologen würden sagen, dass sowohl die linke als auch die rechte Gehirnhälfte dabei gleichmäßig beteiligt sein muss. Die ideale Kombination von Emotionen und Reflexion liefert wieder der Humor. Hier leuchtet ein Zusammenhang auf, ohne dass er dabei aber zwingend in der Diskussion erörtert werden muss. Ich habe oft erlebt, dass eine lustige Bemerkung erst einmal „sickern" muss, um später wieder aufgegriffen zu werden.

Insbesondere gilt dies für die verschiedenen Funktionen, die die einzelnen Gruppenmitglieder in der Gruppe wahrnehmen. „Sicher wird hier unser Kritiker vom Dienst etwas dazu sagen." Oder: „Hier hat schon jemand die Lösung in der Tasche" usw. Die jeweils Angesprochenen fühlen sich ermutigt oder gebremst, jedenfalls aber verstanden. Eine Annäherung an die Metaebene, über die eine Analyse der einzelnen Gruppenfunktionen erreicht werden kann, sind lustige Vergleiche. Hier genügt es meist, die Anregung zu geben und allenfalls, aber das ist meist gar nicht nötig, auch ein erstes Beispiel dafür zu bringen. Sehr gut eignen sich Musikinstrumente. Herrn X könnte man am ehesten mit einer Pauke vergleichen. Einmal auf die Schiene gesetzt, kommen die Vergleiche ganz schnell aus der Gruppe und man hat bald ein Orchester beisammen, in dem jeder seine eigene Position und Funktion auf dem

Weg über ein Musikinstrument reflektiert. Ähnliches kann man mit Tieren machen oder mit Pflanzen, mit Kleidungsstücken oder Wetterphänomenen.

Eine nicht ganz ernste Beschreibung einer Funktion lässt auch alle Interpretationsmöglichkeiten offen. Manchmal ist nicht einmal sicher, auf welche Person sich diese „Funktions"-Bemerkung bezieht. Sie kann auch jederzeit zurückgenommen oder verstärkt werden und notfalls – sollte jemand eingeschnappt sein – kann man immer noch sagen „ich hab' es ja nicht ernst gemeint", was auch stimmt.

Hier ist natürlich die schon mehrfach erwähnte Situation eines gegenseitigen Vertrauens wichtig. Dabei stützen sich Vertrauen und Humor gegenseitig. Wenn Vertrauen da ist, fallen den Gruppenmitgliedern lustige Bemerkungen ein – und wenn solche gemacht und auch erlaubt und verkraftet werden, stärken sie das Vertrauen.

„Streusand her, hier dreht einer durch."

Ein weiteres Kriterium von reifen Gruppen ist am besten über den Humor erreichbar: die Akzeptanz von Unterschieden. Irgendjemand ist in irgendeinem Bereich immer besser als alle anderen. Normalerweise – das heißt in unreifen Gruppen – ist dies Anlass für Konkurrenzverhalten. Ich möchte es ihm oder ihr zeigen, dass ich besser bin oder es zumindest auch kann. Hier wird oft mit verbissenem Ernst um die Position in der Gruppe gekämpft. Nicht selten werden gute Vorschläge abgelehnt, weil sie nicht von demjenigen kommen, der sich dafür verantwortlich fühlt. Die Relativierung dieser Konkurrenzsituation durch den Humor ermöglicht oft erst die Akzeptanz eines Anderen oder eines Besseren.

„Mit einem Menschen, der nur Trümpfe in der Hand hat, kann man nicht Karten spielen."

Ganz besonders schwer sind aber nicht nur Bessere, sondern auch Macken oder Marotten zu ertragen. Auch hier hilft die Möglichkeit, solche „Besonderheiten" lustig zu nehmen, der Gruppe ihre Arbeitsfähigkeit zu ermöglichen. Es kommt weder zur Verleugnung der Probleme (und damit zum Realitätsverlust) noch zur Konfliktsituation, die meist ohnehin nichts nützt, weil viele Menschen ihre Macken ja nicht ablegen können.

„Gemeinsam sind wir unausstehlich", könnte das Motto lauten. Manchmal hilft hier auch der Vorschlag: „Erst schließen wir die Augen, dann sehen wir weiter."

Auch kleine Bosheiten erhalten die Freundschaft. Wer merkt, dass er kritisiert wird, fühlt sich oft sicherer als einer, dem nur geschmeichelt wird. Entgegen der allgemeinen Meinung kommen in führende Positionen selten die Unterwürfigen, sondern meist die, die Konflikte ausgetragen haben. Ein Mensch mit Zivilcourage ist fast schon wie eine Mehrheit.

Der Gruppenprozess

Der Höhe- oder Endpunkt einer reifen Gruppe liegt in ihrer Fähigkeit, den eigenen Gruppenprozess selbst steuern zu können. Der Gruppenprozess geht in Form von Reifungsschleifen durch fünf Phasen, die auch als Rückkoppelungsschleifen bezeichnet werden.

An dieser Stelle sei darauf hinweisen, dass sich in den Sozialwissenschaften im 20. Jahrhundert ein fundamentaler Wandel vollzogen hat. Die Sozialwissenschaften haben sich von den Naturwissenschaften abgekoppelt, weil das „Objekt", das sie beschreiben (z. B. ein Sozialgebilde, etwa eine Gruppe), im Gegensatz zu den Naturwissenschaften kein Gegenstand ist, der sich durch die Beschreibung nicht verändert. Ein Körper, der nach den Fallgesetzen zu Boden fällt, verändert die Fallgesetze dadurch, dass er sie kennt, in keiner Weise. Wer die Fallgesetze reflektiert, z. B. als Physiker, fällt genauso schnell wie einer, der sie nicht kennt.

In Gruppen ist dies anders. „Gesetzmäßigkeiten", die man beobachten und benennen kann, verändern die Situation, wenn man sie reflektiert und in der Gruppe kommuniziert.

Ein schönes Beispiel dafür ist die schon öfter erwähnte Autoritätsposition. Solange nicht über sie nachgedacht wird, kann sie auch nicht in Frage gestellt werden. In Hierarchien wird daher das Thema Führung und Autorität des Chefs häufig tabuisiert. In unreifen Gruppen ordnen sich die Mitglieder auch meist einer Führungsperson unter. Macht man die Autorität zum Thema, beginnen die Mitglieder einer Gruppe meist die Führung zu hinterfragen – was sich etwa in Witzen äußert. Das Resultat kann dabei eine Stabilisierung der Autorität oder aber auch eine Relativierung der Führung sein. Weil dieses Resultat aber unsicher ist, wird oft von den Autoritäten verhindert, dass „darüber" diskutiert wird. Als Ausweichmöglichkeit bleiben Witze über den Chef. Diese Witze oder lustigen Bemerkungen stellen aber schon eine Form von Reflexion dar. Die Autorität wird erst implizit und (noch) nicht explizit in Frage gestellt.

Hierarchien sind deshalb wohl auch ziemlich humorlos, weil sie den Prozess des Infragestellens und Stabilisierens oder Relativierens nicht wollen. Für die Steuerung des Gruppenprozesses ist Humor aber unabdingbar oder zumindest wertvoll und hilfreich. Grundsätzlich geht es natürlich – wie alles im Leben – auch ohne Humor (zumindest offiziell), es dauert nur dann viel länger bei viel schlechteren Ergebnissen.

Welche sind nun die fünf Phasen des Gruppenprozesses?

Phase 1: Die aktuelle Situation: Situationen sind an sich weder lustig noch ernst, das können sie erst durch die Betrachtung werden. Dabei ist die Entdeckung des Komischen an einer Situation eine erste Form der Reflexion. So wie die Schönheit meist im Auge des Betrachters liegt, sind natürlich Ernst und Komik ebenfalls eine Sache der Betrachtungsweise. Vermutlich kann jede noch so ernste Situation durch wechselnde Betrachtung eine komische Seite bekommen. Spricht man diese komische Seite an, dann werden auch die anderen Mitglieder einer Gruppe verführt, sich die komische Perspektive anzueignen – meist ob sie wollen oder nicht. Selten kann man sich einem Lachen hier entziehen.

Ein Beispiel, das ich schon oft erlebt habe, ist eine Konkurrenzsituation zwischen zwei Gruppenmitgliedern (Spezialisten, Abteilungen, Vorständen, Ärzten etc.).

Eine solche Konkurrenz verschlechtert oft die Qualität von Entscheidungen, weil letztlich nicht die sachlich richtige Entscheidung getroffen wird, sondern diejenige, für die der Stärkere, der Sieger der Konkurrenzsituation, plädiert. „Herr F. hat sich wieder einmal durchgesetzt", hört man dann.

Drei unterhalten sich: „Also ich hab einen fantastischen Arzt, der hat meiner Frau neulich einen Blinddarm in einer halben Stunde entfernt und wir konnten sofort nach Hause gehen!" „Toll, bei mir hat der Hausarzt meine Erkältung ambulant geheilt, ich war bei der Türe bereits topfit!"

„Ihr wisst ja, ich hab eine Malerfirma und wir mussten das Zimmer eines Kunden streichen, der Auftakt zu einem Riesenauftrag – nur hatten wir den Schlüssel vergessen. Da hab ich den Gynäkologen meiner Frau angerufen und der hat das Zimmer in einer halben Stunde ausgemalt – durchs Schlüsselloch ..."

Reife Gruppen müssen die Verfälschung von Ergebnissen durch sachfremde Komponenten (z. B. Konflikte, Lobbys, Autoritäten, Interessen etc.) minimieren, um zu guten Ergebnissen zu kommen. Dies ist eine Führungsleistung. Nur gut geführte Gruppen können zu einer Reife kommen, die darin besteht, dass sie sich selbst steuern.

Zu unserem Beispiel: Zwischen der Person A und der Person F gibt es ein Konkurrenzverhältnis, das die sachliche Arbeit stört. Die Führung der Gruppe – dies kann der Vorgesetzte oder ein externer Berater oder aber jedes Gruppenmitglied sein – muss dieses Problem lösen, um die Gruppe wieder richtig entscheidungsfähig zu machen. Der Weg zu dieser Lösung wird in der Gruppendynamik „Gruppenprozess" genannt. Es ist dies auch gleichzeitig eine Darstellung der gruppendynamischen Methode (also sozusagen eines der Geheimnisse der Trainerintervention).

Die Phase 1 ist die aktuelle Handhabung der Situation, von der ausgegangen wird. Phase 2 ist die Beobachtung der Situation, also z. B. das Feststellen etwa der Tatsache, dass immer nach einer Wortmeldung des Herrn A sich unmittelbar oder bald danach Herr F zu Wort meldet. Zusätzlich wird festgestellt, Herr F sagt immer das Gegenteil dessen, was Herr A gesagt hat, oder betont jedenfalls einen anderen Aspekt. Hier setzt die Chance für die Möglichkeit einer anderen Betrachtungsweise an. Man muss versuchen, diese Beobachtung auch in die Diskussion einzubringen. Als externer Berater, der die Aufgabe hat, der Gruppe zum Erfolg zu verhelfen, tut man sich leicht. Man kann einfach die Beobachtung mitteilen. „Herr F spricht immer nach A und sagt immer das Gegenteil." Wenn man Glück hat, reagiert der angesprochene F und kontert: „Es ist überhaupt nicht wahr, dass ich immer widerspreche!" Womit er bewiesen hat, dass die Beobachtung des „Widerspruchsgesetzes" zutreffend war.

Besser ist es allerdings, diese Beobachtung in eine Frage einzukleiden, etwa: „War das, was Sie jetzt gesagt haben, eine Verstärkung und Unterstützung der Meinung des A oder dazu im Widerspruch?" Gibt F den Widerspruch zu, könnte man noch – sofern man es parat hat – eine frühere Sequenz zitieren mit derselben Frage oder Ähnliches. Phase 3 dieses Prozesses wäre also die Bekanntgabe der Beobachtung. Man kann sie auch in eine Zusammenfassung des Bisherigen einfließen lassen.

Meist werden dann nicht nur A und F dazu Stellung nehmen, sondern auch andere Gruppenmitglieder werden die Konkurrenzsituation direkt oder indirekt ansprechen. Dies wäre die Phase 4, nämlich eine Interpretation der Beobachtung durch die Gruppe.

Die folgende Bearbeitung bietet ein gutes Feld für humorvolle Interpretationen. Leugnen A und F etwa eine Konkurrenzsituation, dann kann man sagen: „Sie haben schon Recht, man kann in der Wahl seiner Feinde nie vorsichtig genug sein." Wahrscheinlich wird aber die Gruppe auf diese Beobachtung reagieren und feststellen, dass diese Konkurrenz schon länger besteht. Was nun als Phase 5 folgt, wäre, eine Schlussfolgerung aus dieser Diagnose zu ziehen, idealerweise in einer Form, in der diese Konkurrenz bearbeitet werden kann, sodass sie die Gruppe nicht mehr bei ihrer Arbeit hindert. Geschieht das nicht, dann besteht die Führungsleistung hier wiederum darin, einen Anstoß für die Anwendung zu geben. Arbeitet die Gruppe weiter, als ob nichts geschehen wäre, mit den gleichen Problemen des Konkurrenzverhaltens, dann kann man z. B. sagen: „Was nützt es, sich abzutrocknen, wenn man nicht aus dem Regen geht?"

Reagiert die Gruppe aber auf die Situation, dann entsteht dadurch in Phase 6 eine neue Situation, die nun wieder zur Phase 1 wird. Diese kann wieder beobachtet werden, die Beobachtung kann bekannt gegeben werden usw.

Ich habe in der 4. Auflage meines Buches über die „Heilige Ordnung der Männer" im Kapitel 3.7 über die „Wissenschaftstheorie der Gruppendynamik" diesen Gruppenprozess schematisch dargestellt.

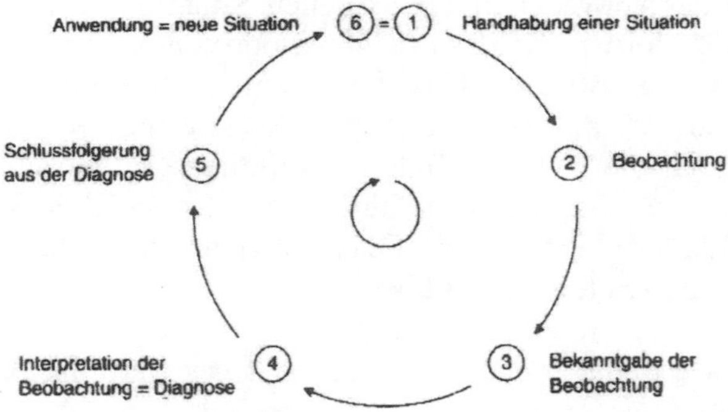

Die Führungsleistung besteht darin, jeweils einen Anstoß zu geben, dass die nächste Stufe erreicht wird. Wenn also niemand die Situation „verfremdet" (d. h. auf den Prozess und nicht auf die Sache bezogen) beobachtet, dann wäre es Aufgabe der Führung der Gruppe – wer auch immer diese Funktion wahrnehmen will oder kann –, zu beobachten und die Beobachtung bekannt zu geben. Bleibt der Prozess dann stehen, müsste man die Interpretation urgieren, um den Prozess weiter zu treiben. Dabei ist es meist hilfreich, verschiedene Alternativen anzubieten, z. B.: Ist der Widerspruch zwischen A und F nur ein zufälliger? Oder liegt es daran, dass sie verschiedene Interessen verfolgen (müssen) oder in Konkurrenz stehen? Oder will Herr F nur eine belebende Betrachtungsweise einbringen? Dies führt zu einer Diagnose durch die Gruppe. Gibt es zwar eine Diagnose, aber keine Schlussfolgerung daraus, ist es wohl Aufgabe der Führung, diese einzumahnen usw. Führung braucht die Gruppe, solange sie nicht selbst ihren eigenen Prozess steuern kann.

Der Humor eignet sich hier besonders, weil er per se schon eine Verfremdung der Situation darstellt und im Lachen die einzelnen Mitglieder eher bereit sind, sich diesem Prozess zu stellen. Humor wäre somit das wichtigste Hilfsinstrument der Metaebene.

Die hier beschriebene Prozesssteuerung will übrigens gelernt sein. Man kann das entweder in der aktuellen Situation trainieren mit dem Risiko, Flops in Kauf zu nehmen, oder ein gruppendynamisches Training absolvieren. Hier gibt es eine so genannte „Laboratoriumssituation“, die darin besteht, dass man mit Personen eine Gruppe bildet, die nicht in alltäglichen Situationen zusammenarbeitet. Man kann sozusagen „gefahrlos“, ohne möglichen Schaden für die alltägliche Praxis, das Diagnostizieren und Steuern von Gruppenprozessen lernen und üben.

Humor in Mediation und Konfliktmanagement

Die Fähigkeit der Menschen, ihre Konflikte – die meist notwendig sind – auch selbst zu lösen, ist meiner Erfahrung nach sehr groß. Die meisten Konflikte werden von den Betroffenen selbst beigelegt. Wenn dies nicht gelingt, sucht man zunächst Hilfe im Familien- oder Freundeskreis. Auch diese „Laienmediationen“ sind meist erfolgreich, oft können sogar professionelle Mediatoren hier etwas lernen. Kommt ein Konflikt zu einem Konfliktmanager oder Mediator, dann muss er schon eine gewisse Bedeutung und einen gewissen Grad an Unlösbarkeit haben. Ich unterstelle bereits eine stärkere Verfestigung der Standpunkte, die zunächst für die Vorbereitung einer möglichen Lösung verflüssigt werden müssen.

Nach meinen Erfahrungen sind dafür humorvolle Interventionen besonders gut geeignet. Christian Müller hat bei einer Befragung (2005) von etwa 50 Prozent der (auf seine Aussendung antwortenden) Mediatoren die Bestätigung dieser Meinung bekommen. Allerdings ist die Mehrheit der Meinung, dass dabei nur die konstruktive Seite des Lachens hilfreich sei. Dies äußert sich darin, dass damit „eine positive Atmosphäre geschaffen werde", „ein Perspektivenwechsel möglich sei", oder „Blockaden gelöst würden".

Die negative, destruktive Seite des Lachens wird von den befragten Mediatoren eher abgelehnt. Ich kann mich dieser negativen Einschätzung der negativen Seiten des Lachens nicht oder nur sehr begrenzt anschließen. Natürlich dürfen die Personen, denen man helfen will, nicht ausgelacht werden. Eine gewisse Aggressivität der humorvollen Intervention scheint mir mitunter einfach notwendig zu sein, um Verfestigungen aufzubrechen. So erzählte mir ein Kollege, dass er bei einer Scheidungsmediation die beiden Partner, die um ein Kind stritten, erst mit echtem Zynismus zur Einsicht gebracht hat. Er sagte: „Ich glaube, am besten würde sich der Geburtstag eignen, um Ihr Kind zu zerteilen." Die beiden erschraken und konnten wieder konstruktiv über die Probleme reden. Zynisch ist diese Intervention übrigens deshalb, weil den beiden gezeigt wurde, dass sie mit ihrem Streit das Gegenteil von dem erreichen, was sie wollen, nämlich das Wohl des Kindes.

Ich würde eher behaupten: Je verfestigter die Positionen der Streitparteien sind, desto stärker muss die Dosis von destruktivem Humor sein. Destruiert müssen die – meist egoistischen und überzogenen – Absolutsetzungen individueller Wahrheiten werden. Das Lachen ist zunächst oft ein bitteres Lachen, bis es dann bei fortgeschrittenem Lernprozess auch befreiend und erhebend wird.

Der Grund, warum man hier auf Mediatorenseite sehr vorsichtig ist, könnte noch ein anderer sein. Humorinterventionen dürfen die Allparteilichkeit des Mediators nicht in Frage stellen. Es muss also über beide Seiten gelacht werden. An der Qualität und auch am Inhalt der vom Mediator eingebrachten komischen Sentenzen zeigt sich allerdings oft, dass er doch nicht ganz „neutral" (= allparteilich) fühlt. In diesem Fall lassen die Mediatoren den Humor lieber – weil demaskierend – weg.

Wenn man als Konfliktmanager daran gemessen wird, welche haltbaren Lösungen man erreicht, bleiben einem die destruktiven Formen des Humors als Interventionsinstrumente nicht erspart, denn im Prinzip zielen die Interventionen darauf ab, einen Lernprozess der festgefahrenen Konfliktparteien zu initiieren und dann zu begleiten. Die in unserem Kulturkreis verbreitete (von den Dingen ausgehende) Logik suggeriert, dass bei einem Gegensatz oder Widerpart einer richtig ist und (mindestens) einer falsch. Sinn des Konfliktes ist es daher herauszufinden, wer Recht hat und wer Unrecht. Zunächst beanspruchen beide die „Wahrheit" und das „Recht haben" für sich.

Wenig durchgesetzt hat sich die im asiatischen Kulturkreis weiter verbreitete „Psycho-Logik", bei der zunächst beide Recht haben (wie schon gezeigt wurde). Gerade diese Logik aber würde für die Lösung solcher Konflikte äußerst brauchbar sein. Keiner der beiden braucht sein Gesicht zu verlieren und beide müssen sich vergleichsweise wenig bewegen. Vergleichsweise heißt im Vergleich zur Unterordnung der einen Seite, die Unrecht hat, unter die andere, die Recht hat.

Humorvolle Interventionen bereiten hier den Weg für die dialektische Logik, in der beide Recht behalten. Ein Element, das Lachen hervorruft, ist ja gerade die Widersprüchlichkeit und die Verdrängung (oder Verlagerung oder wie auch immer) der anderen Seite.

Der Start eines solchen Lernprozesses ist günstigerweise immer der Status quo. Wenn es also gelingt, die Kontrahenten dazu zu bringen, ihren Standpunkt darzulegen, dann fangen sie meist sofort wieder zu streiten an. Wenn man sich das eine Weile angehört hat, kann man sagen: „Wenn Sie mit dieser Art der Konfliktbearbeitung erfolgreich gewesen wären, hätten Sie ja nicht zu mir kommen brauchen." Man kann auch mit einem Schuss Selbstironie intervenieren: „Gott sei Dank ist diese Art der Auseinandersetzung nicht erfolgreich, denn auch Mediatoren müssen von etwas leben." Der – am besten heitere – Hinweis auf das Geld, das so ein Konfliktmanagement kostet, beschleunigt meist den Lernprozess.

In dem nun folgenden Lernprozess innerhalb der Mediation gibt es reichlich Gelegenheit für humorvolle Interventionen, die sich besonders an der Übertreibung beider Standpunkte orientieren können. Oft genügt es, die Ausdrucksweise der beiden Kontrahenten zu verstärken und schon gibt es Karikaturen, die zum Lachen zwingen.

Bewegt sich etwa der Streit (oder zumindest ein Element davon) entlang der Schiene Ordnung – Freiheit, dann kann man das pedantische Verhalten der einen Seite genauso gut durch Übertreibungen karikieren wie das zu lockere Verhalten der anderen Seite. „Was alles ist bei Ihnen noch durch Regeln oder Verbote geregelt?" Ich erzähle gelegentlich: „Die Weißen essen auch, wenn sie keinen Hunger haben, einfach weil Mittag ist."

Wenn jemand sein (einseitiges) Verhalten ständig perpetuiert, kann man ihn auch fragen: „Wenn Sie sich beim Telefon verwählt haben, drücken Sie dann immer auf die Wiederholungstaste?" Ist jemand übergenau, sage ich öfters: „Je enger der Käfig, desto schöner die Freiheit." Manche machen aus ihrem einseitigen Standpunkt auch eine Moralposition. Jede Bewegung wäre eine Bestechung. Hier hilft die Frage: „Sind Sie so unbestechlich, dass Sie nicht einmal Vernunft annehmen?"

Die zum Lachen reizende Übertreibung und Karikierung eines Verhaltensmusters macht dieses bewusst, hebt es auf die Metaebene und gibt den Betroffenen Gelegenheit, sich selbst aus einer gewissen Distanz zu betrachten. Außerdem fühlt sich der Gegner in seiner Ansicht bestätigt. Deshalb ist es wichtig, dass in einem räumlich-zeitlichen Zusammenhang (Einheit von Raum, Zeit und Handlung) beide Seiten in den Genuss der Karikierung kommen. Wenn die Atmosphäre sehr gut ist, kann man die gegenseitige und dann die eigene Karikierung auch schon den Kontrahenten überlassen. Der Mediator beschränkt sich dann darauf, das komische Talent der beiden zu bewundern. Wenn mir das gelingt, sage ich zum Schluss immer: „Sie kennen die Arbeitsbeschreibung eines

Trainers im Sport? Ein Trainer verdient sich sein Brot im Schweiße eines fremden Angesichts.“ Was ich gerne auch für mich in Anspruch nehme. Lösungen, die die Kontrahenten selbst finden, sind noch dazu unvergleichlich besser als solche, die ihnen von dritter Seite empfohlen werden. Mediatoren sollen ohnehin nie Lösungen empfehlen, dabei aber andere „von außen“ kommende Lösungen destruieren, damit die Konfliktparteien die Lösung selbst finden. Auch dafür ist übrigens Humor nötig, mit dem zusätzlichen Vorteil, dass sich die Kontrahenten zusammen mit dem Konfliktmanager über Dritte, die sich einmischen, lustig machen können.

Ich schlage vor, für die Indikationsstellung der einzelnen humorvollen Interventionen die Phasen des dialektischen Konfliktmanagements heranzuziehen:

In der ersten Phase, in der die Gegensätze auftreten und aufeinander prallen, sind sicher nur allgemeine Bemerkungen hilfreich. „Wenn Sie keine eigene Sichtweise haben, akzeptieren Sie doch die Sichtweise Ihres Gegenübers.“ Oder: „Wer kein Ziel hat, hat das Ziel unzufrieden zu sein“ (Ch. Müller, 2004, S. 29).

In der zweiten Phase, in der die Gegensätze verstärkt und damit ausgeprägter werden, helfen Übertreibungen und Karikaturen. Auch berufsspezifische Klischees und ihre Parodierung können hier von Vorteil sein.

Die zweite Eskalations- und Analysephase dauert so lange, bis beide einsehen, dass sie ihre Einstellung ändern müssen, um den Konflikt zu lösen. Diese Einsicht wird bevorzugt über lustige Sentenzen erreicht. Erst wenn dadurch der Groschen gefallen ist – Lachen ist wie gesagt eine Einsichtskategorie –, ist es sinnvoll, weiterzuarbeiten.

In der dritten Phase geht es um die Annäherung an eine Lösung. Hier können wiederum übers Ziel hinausschießende Vorstellungen lustig karikiert oder parodiert werden, um die Kontrahenten auf den Boden der Realität zu holen.

Erst in der vierten und letzten Phase der konkreten Vereinbarungen und der Lösungsformulierung kann der Humor vielleicht etwas zurückgenommen werden, es sei denn, er wird von den Streitparteien selbst eingebracht.

„Alle Meinungen sind wichtig, aber keine ist völlig ernst zu nehmen."

Humor in der Organisationsberatung

In seiner Arbeit über die „Säkularisierung des Hofnarren" (Heintel 2002) schreibt Peter Heintel: „Humor ist die einzige Macht der Machtlosigkeit." Damit wird Humor als Hauptalternative zur Führung durch hierarchische Positionen definiert. Wie ich schon erwähnt habe, glaube ich mit Heintel, dass Berater in Organisationen heute die Nachfolger der alten Hofnarren sind und sich erlauben könnten, unter dem expliziten Prinzip des Unernstes die ernsteste Wahrheit zu sagen. Ihre Scherze waren zum Lachen, machten aber gleichzeitig auch nachdenklich. Die Heiterkeit versüßt die oft bittere Wahrheit und macht sie erträglicher.

Der Hofnarr tritt daher meist plenar auf: „Vor versammeltem Hofstaat stellte der Kalif eine Frage" (siehe Einleitung). Damit wird der Humor auch zu einer politischen Funktion. Denn in Organisationen ist vieles, was gesagt wird, politisch gemeint und politisch zu verstehen. Bernhard Pesendorfer (1996, S. 236) vergleicht politische Dimensionen in Organisationen und Institutionen mit „Starkstrom" im Unterschied zum „Schwachstrom", der zwischen Personen und in Gruppen „knistert".

Bei der Organisationsberatung geht es um die Frage: Wie lernen Systeme, also Organisationen und Institutionen? Dies ist ungleich schwieriger, als einzelne Personen oder Paare zu einem Lernprozess zu bringen. Hauptinstrument zur Steuerung von Gruppen- und Organisationsprozessen sind Rückkoppelungsschleifen. Eine der wichtigsten dabei ist der Humor. Lustige Vergleiche oder Bewertungen, spöttische Sentenzen oder Parodien können, müssen aber nicht ernst genommen werden. Damit eignen sie sich hervorragend als Start eines solchen Lernprozesses.

Eines der gängigsten Muster von Organisationen ist die Tendenz, das bisherige Verhalten fortzuschreiben und im Krisenfall noch zu verstärken. Watzlawick nennt es „Das Mehr desselben“, oder „Ist zweimal so viel auch doppelt so gut?“ (in: Vom Schlechten des Guten – oder Hekates Lösungen). Diese Frage hilft fast immer, wenn es das erste Mal nicht gelingt aufzuzeigen, dass das bisher verwendete Muster nicht mehr so erfolgreich ist, wie es in der Vergangenheit war. Die so ausgelöste allgemeine Heiterkeit löst einen Reflexionsprozess aus. Im Folgenden kann man verschiedene Kategorien von Ängsten vor Veränderungsprozessen einflechten und Beispiele für den damit verbundenen Realitätsverlust einbringen.

Die aporetischen Schnittstellen sind meist Bruchlinien von Konflikten in Organisationen und als solche natürlich auch zugänglich für Reflexionsprozesse über das Komische. Meist werden ohnehin Witze an diesen Schnittstellen kolportiert. Ein klassischer Fall ist etwa der Gegensatz zwischen Zentrale und Filiale. Die aporetische Schnittstelle ist hier der Widerspruch, dass man einen wichtigen Kontakt zum Kunden meist nur über die Fläche vor Ort bekommt, die „richtigen“ Produkte aber zentral erzeugt und vermarktet werden müssen. Der aporetische Widerspruch lautet: Die Zentrale weiß alles besser – aber die Zentrale weiß eben nicht alles besser. Die Kompetenz liegt vor Ort. Beides ist wahr, aber es ist ein mühsames Geschäft, jeweils die „Wahrheit“ zu finden und umzusetzen.

Die dahinter liegende Grunddialektik von Ordnung und Freiheit eignet sich besonders gut für witzige Übertreibungen oder Persiflierung von Einseitigkeit: „Ordnung ist das halbe Leben und ‚Unterordnung’ die andere Hälfte.“ Auch die Geschichte von den Fröschen und dem Storch hilft hier oft weiter.

> In einem Tümpel leben viele Frösche recht glücklich. Eines Tages verirrt sich ein Storch dorthin, der einige frisst, am nächsten Tag wiederkommt, am übernächsten wieder usw. Schließlich schicken die Frö-

sche eine Abordnung zur weisen Eule im zentralen Wald. Sie klagen ihr Leid, die Eule denkt eine Weile nach und gibt dann folgenden Rat: Den Storch hört man am lauten Flügelschlag schon von sehr weit, wenn ihr ihn hört – einfach wegfliegen. Die Frösche bedanken sich, gehen wieder zurück. Allerdings frisst der Storch die Frösche weiter. Nach einiger Zeit melden sich die Frösche wieder bei der Eule, weil sie erkannt haben, dass der Rat der Eule leider nicht funktioniert. Die Eule unterbricht sie sofort: „Meine Ratschläge sind immer richtig, selbstverständlich seid ihr für die Durchführung verantwortlich."

Oft ist die witzige Übertreibung (eigentlich ein Pleonasmus, denn Übertreibungen wirken meist witzig) einer Seite eines aporetischen Widerspruches eine Hilfe für das Verständnis des Problems.

Terminkalender für eilige Arbeiten

DI	MI	DO	FR	FR	FR	Reserve
8	7	6	5	4	3	2
16	15	14	12	11	10	9
23	22	21	20	19	18	17
30	29	28	27	26	25	24
37	36	35	34	33	32	31

Er bietet folgende Vorteile:

1. Bekanntlich lautet der Termin für alle eiligen Arbeiten „Gestern". Mit Hilfe dieses Kalenders kann z. B. ein Auftrag am 7. angenommen werden und am 6. fertig gestellt sein.
2. Die meisten Arbeiten sollen freitags fertig sein. Deshalb hat jede Woche 3 Freitage.
3. Um ausreichend Zeit für die am Monatsende sich überschlagenden Termine zur Verfügung zu haben, enthält jeder Monat 6 Tage zusätzlich.

4. Es gibt keine „Ersten“ mehr. Dadurch können Terminarbeiten nicht mehr vom Monatsende auf den „Ersten“ verschleppt werden.
5. Der blaue Montag wurde ebenso abgeschafft wie die unproduktiven Samstage und Sonntage, und der 13. wurde gestrichen, da dieser Tag an einem Freitag wäre.
6. Neu ist der Reservetag. Mit seiner Hilfe kann vermieden werden, dass bei Erledigung besonders eiliger Aufträge eine Panik ausbricht.

Meist muss man nur dafür sorgen, dass dann auch die Gegenseite mit einer Übertreibung konfrontiert wird. Über Anekdoten mit Übertreibungen, Parodien und Persiflagen lassen sich oft viel leichter Lernprozesse in Organisationen steuern als über „ernsthafte“ Interventionen.

Ständiger Anlass für Konflikte ist der Streit um das Einhalten oder Nicht-Einhalten von Regeln. Es ist dies eine Unter-Aporie der Aporie von Ordnung und Freiheit. Auch hier ist es wiederum wichtig, beide Seiten zu persiflieren. Geht jemand allzu locker mit der Einhaltung von Regeln um, dann pflege ich zu sagen: „Sie kommen mir vor wie jemand, der Geld zählen soll und nach den ersten 15 Scheinen sagt, wenn es bis 15 stimmt, wird’s bis 100 auch stimmen.“

Übertreibt jemand eher die Ordnung – was in Bürokratien viel häufiger ist –, kann man die Macht der Bürokratie ebenfalls übertreiben und ad absurdum führen:

Ein amerikanischer und ein deutscher Unternehmer wetten, wer ein Projekt schneller zu Ende bringt. Nach vier Wochen schickt der Amerikaner eine Mail: „Noch 10 Tage und wir sind fertig.“ Darauf mailt der Deutsche zurück: „Noch zehn Formulare und wir fangen an.“

Besonders verbreitet sind hier die Beamtenwitze:

Die Beamtenhierarchie

Amtsgehilfe	– weiß alles.
Sekretär	– weiß alles besser.
Obersekretär	– will alles besser wissen.
Hauptsekretär	– kann lesen.
Inspektor	– kann schreiben.
Oberinspektor	– kann lesen und schreiben.
Amtmann	– weiß, wer lesen und schreiben kann und kann Ortsgespräche führen.
Oberamtmann	– weiß, wo alles steht.
Regierungsrat	– glaubt alles zu wissen.
Oberregierungsrat	– ist der, der es eigentlich wissen müsste.
Regierungsdirektor	– unterschreibt nur, was er lesen kann.
Ministerialrat	– hofft, dass alles richtig ist, was er unterschreibt.
Leitender Ministerialrat	– weiß nicht alles, was er unterschreibt.
Ministerialdirigent	– fragt, wo er unterschreiben muss.
Staatssekretär	– trägt die Aktentasche des Ministers.
Minister	– hofft, dass in der Aktentasche alles drin ist, was er wissen muss.

Ein Beamter bekommt die Aufgabe, einen Topf voller Linsen und Bohnen in zwei Töpfe zu sortieren. Nach einer Stunde wird nachgesehen, wie weit er ist. Er hat sechs Bohnen und acht Linsen geschafft und sitzt schweißgebadet am Tisch. „Hm, sagen Sie mal, so anstrengend ist die Aufgabe doch nicht?" „Körperlich nicht, nein, aber immer diese schnellen Entscheidungen."

Die ironische Bemerkung „Viel Norm um nichts“ habe ich schon öfter gehört. Oswald Neuberger (Neuberger 1988, S. 218) zitiert eine Seite lang Verfremdungen des Begriffes „Norm“, wie er sie in Unternehmen immer wieder gefunden hat. Insbesondere die Tendenz von Regeln, sich zu vervielfältigen, („Norm zu Norm gesellt sich gern“ oder „Eine Norm kommt selten allein“) weist immer wieder auf den aporetischen Gegensatz von direkter Primärkommunikation in Gruppen und von anonymer indirekter Kommunikation in Organisationen hin. „Vertrauen ist gut, Normen sind besser.“

Die lustig vorgebrachte Übertreibung löst meist am leichtesten den Lernprozess aus, der zum Beispiel im Falle von Freiheit und Ordnung (etwa Zentrale und Fläche) darin besteht, dass beide einsehen, dass sie mit ihrem Teil der Wahrheit das Gegenteil von dem erreichen werden, was sie eigentlich wollen, wenn sie sich vollständig durchsetzen. Durch die lustige Formulierung oder offensichtliche Übertreibung bleibt auch genügend Spielraum für die Akzeptanz bzw. Ablehnung der Extremierung. Halb hat man es schon akzeptiert, halb wehrt man sich noch dagegen.

Humor im Produkt: „Komische“ Produkte

„Jetzt dreht er durch“ werden Sie sich vielleicht denken. Man kann alles überstrapazieren – wie sollte ein Produkt komisch sein? Ich habe die Erfahrung gemacht, dass viele Produkte eine Antwort auf in sich widersprüchliche Motive der Menschen sind. Je besser es gelingt, diese Widersprüche im Produkt auszubalancieren, desto lieber wird es gekauft. Produkte sind zunächst materielle Antworten auf immaterielle Bedürfnisse und können daher nicht wirklich zufrieden stellen. Möglicherweise ist dies einer der Gründe, warum Watzlawick als Problem unserer Zeit das Prinzip „Mehr desselben“ diagnostiziert. Auch die Tendenz zur Zeitbeschleunigung könnte hier ihre Wurzel haben. Wenn ein schnelles Auto mich doch nicht zufrieden stellt, kaufe ich ein noch schnelleres. Damit wird zum

Beispiel ein Auto auch zum Symbol oder sogar real eine Möglichkeit, Konkurrenzen auszuleben. Wenn ich mit meinem starken Auto ein anderes überhole, dann kann ich mir einen Konkurrenzsieg für mein Ego verbuchen. Vielleicht brauche ich das zum Ausgleich, weil ich in anderen Konkurrenzsituationen unterlegen bin. Es kann aber auch nur einfach ein archaisches Muster sein, das ich hier – unbewusst – auslebe. „Ein Mercedes ist ein Auto mit eingebauter Vorfahrt" macht dieses Muster im Lachen bewusst und damit verfügbar. Ich kann, muss dieses Muster aber nicht mehr exekutieren. Auch dies könnte ein Aspekt des „befreienden Lachens" sein. Es macht mich frei, über Antriebe und Muster zu verfügen, weil es schlaglichtartig den Widerspruch aufleuchten lässt, in dem ich mich befinde.

Wir haben bei unseren Forschungen über Produkte herausgefunden, dass sich die Widersprüche des Produkts auch im Unternehmen selbst finden und dort als Konflikte auftauchen.

Interessanterweise werden die Produktaporien in vielen Unternehmen verdrängt. Vielleicht deshalb, weil man nicht ständig die Konflikte bearbeiten will, die es gäbe, wenn man die Aporien zuließe. Wir haben in einigen Fällen herausgefunden, dass die Bearbeitung jener Konflikte in der Organisation, die auf Produktwidersprüchen beruhen, der Organisation insgesamt eine bessere Performance verleiht. Vielleicht sind auch die Witze, die hier kursieren, eine Form der Bearbeitung, die den Realitätsbezug aufrechterhält.

Ein Beispiel: Das Auto

Ein schönes Beispiel für solche Widersprüche in Produkten, die in Form der Komik bearbeitet werden, ist das Auto. Ich habe bei mehreren Studien über die Motivdimensionen des Autofahrens in den Interviews mit Autofahrern immer wieder Geschichten gehört, die auf die Grundwidersprüche dieses Produktes zurückzuführen sind.

Einer der Grundwidersprüche unseres Daseins überhaupt ist der von Wohnen und Reisen. Meist wird dieser Widerspruch im Zusammenhang von Tod und Leben reflektiert. Für Nomaden bedeutet Reisen Leben und Wohnen Tod. Immer wieder Neues zu „erfahren" beweist, dass man am Leben ist. Wer nicht mehr reisen, fahren, wandern kann, ist tot oder dem Tode nahe. „Schlafsarg" ist auch die Bezeichnung für die fixe Wohneinheit.

Demgegenüber ist für Sesshafte Wohnen Leben und Reisen Tod. „Verkehrsadern heißen die Autostraßen, weil so viel Blut in ihnen fließt." Diese Seite der Dialektik von Wohnen und Reisen ist im Bewusstsein des Menschen mehr präsent als die andere.

Das Auto stellt einen Fortschritt dar, weil es Wohnen und Reisen in einer Einheit vereinigt. Es löst den Widerspruch dadurch – zumindest teilweise – auf, dass es als ein mitführbarer Wohnraum verwendet werden kann. Abgesehen von Wohnmobilen und Wohnwagen richten sich viele Autofahrer auch ihren normalen PKW „wohnlich" ein (Gegenstände wie Schmuck, die die Individualität betonen usw.)

Ganz verdrängt werden kann die Todesangst aber nicht:

Ein Mann bringt seinen Sportwagen in die Werkstatt. „Irgendwas stimmt nicht, immer wenn ich über 210 fahre, klopft was im Motor." „Das", meint der Meister, „wird wohl Ihr Schutzengel sein."

Sagt der Lehrer zu den Schülern: „Wer kann einen Satz mit ‚ungeachtet' bilden?" Meldet sich Franzi: „Ungeachtet des Autos leben noch zahlreiche Menschen."

Ein Taxifahrer lässt sich von jedem Fahrgast die Handflächen zeigen. „Wieso das?", fragt einer. „Ich fahre nur Leute, die eine lange Lebenslinie haben", sagt der Taxifahrer.

Die Dialektik von Wohnen und Reisen sorgte in den achtziger Jahren des 20. Jahrhunderts in der Automobilbranche Deutschlands für heftige Kontroversen. Unter anderem war man erstaunt über die „Überausstattung" japanischer Autos, die den Deutschen zunehmend Marktanteile wegnahmen. Ein VW-Vorstandsvorsitzender äußerte sich sogar der Presse gegenüber abwertend über die „wohnliche" Ausstattung japanischer Autos: „Solche Gimmicks und Kinkerlitzchen werden die (deutschen) Autofahrer doch wohl nicht benötigen." Ein ziemlicher Irrtum, wie sich später herausstellte. Da das Auto einen sehr hohen Stellenwert in der Gesellschaft hat, werden oft winzige Kleinigkeiten stark betont und bekommen einen Wert, der rational nicht mehr erklärbar ist, wie in unserem Beispiel etwa der Heckspoiler:

> „In der Serie „Tiere unserer Heimat" lesen Sie heute: ‚Der Heckspoiler'
>
> Der Heckspoiler wird immer noch zur Großgruppe der Ungeziefer gerechnet. Ähnlich dem Schimmelpilz befällt er sein Wirtstier meist wenn dieses in einem schwachen Zustand ist. Das Heckspoilermännchen befällt Autos mitten in der Nacht und saugt sich am Heck des Wagens in Kofferraumhöhe fest. Wenn der Autobesitzer am frühen Morgen in die Garage schaut und den Schädlingsbefall bemerkt, ist es meist zu spät.
>
> Viele Wagenbesitzer versuchen den Heckspoiler mit großen Autobahngeschwindigkeiten abzuschütteln, doch ohne Erfolg. Das Tierchen beginnt zu pfeifen und drückt das Auto besonders fest auf die Straße. Im innerstädtischen Bereich beginnen neuerdings staatliche Ordnungskräfte mit einer Anti-Heckspoiler-Kampagne. Sie stellen Blitzgeräte am Straßenrand auf und versuchen mit starken Lichtblitzen die Heckspoiler so zu erschrecken, dass sie vom Wirtsauto ablassen. Der Autofahrer muss allerdings für jeden einzelnen Blitz bezahlen.
>
> Autodesigner haben vieles versucht, um die Heckspoilerplage in den Griff zu kriegen. Sie bauen Kraftfahrzeuge mit Frontspoilern – dem natürlichen Feind des Heckspoilers – und rüsten die Motoren großzügig mit Pferdestärken aus. Französische Forscher haben entdeckt: Je hässlicher der Autofahrer, desto anfälliger sein Wagenheck für das Schmarotzertierchen. Je länger sich ein Heckspoiler am Wagen festsaugt, desto größer die Gefahr auch für den Wagenlenker. Die Wurzeln des Tieres kriechen durch einzelne Lüftungsschlitze und beginnen im Endstadium aus dem Hirn des Fahrers Saft zu saugen. Man erkennt die Befallenen daran, dass sie sich von heute auf morgen Goldkettchen um den Hals schlingen, große Stereoanlagen ins Auto installieren und das Auto tiefer legen um dem Heckspoiler das Abspringen zu erleichtern. Im letzten Krankheitsstadium klebt der Autofahrer Buchstaben wie ‚KENWOOD' und ‚FANATIC' an die Heckscheibe. Uns Biologen zeigt das dann: Dies ist ein hoffnungslos Befallener."

Ein weiterer wichtiger Widerspruch des Autos, der sich in vielen Witzen reflektiert, ist der Gegensatz von symbiotisch und ödipal. Damit ist gemeint, dass das Auto auch zwei individualgeschichtlich unterschiedliche oder sogar konträre Dimensionen in sich vereinigt. Auf der einen Seite schließt das Auto an Gefühle an, die wir als kleines Kind erleben, wenn wir im Mutterleib getragen oder im Kinderwagen geschaukelt werden. Es ist warm, wir sind noch weitgehend unfähig uns selbst zu bewegen, wir sind in einem engen Raum eingesperrt, erreichen aber eine höhere Geschwindigkeit, als wir selbst erreichen könnten – durch die Mutter. Vielleicht schließt das Auto als Maschinenmutter oder rollender Mutterleib an diese symbiotische Zeit an. Wir leben und bewegen uns dank einer Symbiose mit der Mutter, die uns Kräfte und Fähigkeiten gibt, die wir selbst (noch) nicht haben. Wie man aus vielen Untersuchungen weiß, entwickeln Kinder zur Kompensation ihrer Unbeholfenheit Allmachtsphantasien, die besonders durch die „Benutzung“ der Mutter gestützt werden. Mütter kompensieren die kindliche Unfähigkeit und helfen damit über diese schwierige Phase hinweg. Für einige männliche Autobesitzer und -fahrer ist das Auto sogar eine Art Partnerersatz und wird gegenüber einer Partnerin (z. B. Ehefrau) bevorzugt. Viele Ehekonflikte haben hier eine Erklärung. Irgendjemand hat die Motive, die dahinter stehen könnten, gesammelt und im Internet veröffentlicht:

Warum Autofahren besser ist, als sich mit einer Frau abzugeben

Dein Auto bringt dich überall hin und ihr kommt gleichzeitig an.
Es fährt dich auch nachts durch Wälder und auf Friedhöfe.
Es meckert nicht über deinen schlechten Fahrstil.
Dein Auto fährt dich jeden Tag.
Du kannst es an beliebige Leute ausleihen.
Es läuft dir nicht davon.
Wenn es geklaut wird, bekommst du Ersatz.
Es widerspricht nicht und stellt keine dummen Fragen.
Ein Auto muss nicht alle 14 Tage zum Friseur.
Ein Auto fängt nicht an zu stinken, wenn du es nicht wäschst.
Du kannst auch unrasiert fahren.
Du weißt schon beim Kauf, was dich das Auto kosten wird.

> Mit einem tollen Auto kannst du hemmungslos angeben.
> Ein schlechtes Auto kannst du in der Garage verstecken.
> Es friert im Winter nicht und gibt sogar Wärme.
> Du kannst es beliebig aufmotzen und verzieren.
> Es meckert nicht über deinen Musikgeschmack und die Lautstärke.
> Du brauchst nur alle zwei Jahre einen Satz Reifen.
> Wenn dir einer reinfährt, kannst du auch das Geld nehmen.
> Beim Tanken spielen die Menge und die Treibstoffmarke keine Rolle.
> Dein Auto fährt dich auch, wenn du es beleidigst und trittst.
> Es schleppt alle möglichen Sachen ohne zu klagen.
> Wenn es dir nicht mehr gefällt, kannst du es verschrotten oder verkaufen.
> Du kannst beliebig viele Autos haben.
> Ein Auto ist nicht launisch und wird nicht krank.
> Du kannst dein Auto beliebig lange herumstehen lassen.
> Du kannst das Auto auch zum Geldverdienen benutzen.
> Du kannst während dem Fahren so viel rauchen, wie du willst.

Wenn ein kleines Kind sein Spielzeug aus dem Gitterbett wirft, fängt es an zu schreien, und die Mutter, der Vater oder sonst wer, hebt es auf und gibt es wieder in das Kinderbett zurück. Das Kind lernt: Wenn ich schreie, kommen alle Spielsachen wieder. Mit „Schreien" entwickelt es daher Allmachtsphantasien.

Die „symbiotischen" Dimensionen werden immer dann aktiviert, wenn Autos als sehr sicher und sehr komfortabel gelten. Sie beschützen ihren Benutzer und geben ihm das Gefühl der Geborgenheit. Selbst bei Unfällen genießt man noch den Schutz des Autos, wie die Crashtests zeigen. Eine (kindliche) Puppe wird im „Uterus Auto" einem Unfalltest unterworfen und sollte dabei ohne große „Verletzungen" überleben. Sicherheitsbewusste Autokäufer und -fahrer sehen sich vorher die Ergebnisse von Crashtests an.

Die symbiotische Erweiterung der Körperfunktionen führt auch dazu, dass sich viele Autofahrer mit ihrem Auto identifizieren. Aus einer Schadensmeldung an eine Versicherung:

„Ich fuhr gegen die Leitschiene, überschlug mich und prallte gegen einen Baum. Dann verlor ich die Herrschaft über mein Auto."

„Wo stehst du?“, ist eine gängige Frage wenn man meint: „Wo steht dein Auto?“

Neben den kindlichen symbiotischen Funktionen schließt das Auto auch in der Individualgeschichte an spätere Dimensionen an, ich nenne sie einmal „ödipal“. Damit ist gemeint, dass das Auto auch als Instrument zum Ausleben von Konkurrenz benutzt werden kann. Ich bin mit Hilfe des Autos größer, schöner, schneller als andere. Ödipus wäre der Prototyp eines jungen Mannes, der mit seinem Vater um die Mutter konkurriert – oder besser, mit Hilfe der Mutter, die er liebt, alle anderen Männer aussticht. Dass Autos auch etwas mit Reifeentwicklung zu tun haben, sieht man daran, dass der Führerschein oft als Eintrittskarte ins Erwachsenendasein betrachtet wird.

Ein Polizist stoppt einen jungen Autofahrer: „Ihren Führerschein bitte!“ „Wieso Führerschein? Ich denke, den kriegt man erst mit achtzehn!“

Die größte Konkurrenz für jeden Autofahrer sind die anderen Autofahrer. Wenn es nach ihm ginge, müsste es die nicht geben. Unsympathisch sind tendenziell alle, die vor ihm fahren, besonders unsympathisch solche, die ihn überholen. Ich vermute deshalb auch, dass die Konstrukteure diesem (unbewussten) Wunsch der Autofahrer entgegengekommen sind und den Rückspiegel so konstruiert haben, dass er ein Auto in dem Augenblick, in dem es zum Überholen ansetzt, aus dem Blickfeld des Fahrers verschwinden lässt. „Andere Autos, die mich überholen, gibt es nicht.“ Erst als nachgewiesen werden konnte, wie viele Unfälle darauf zurückzuführen waren, konstruierten die Autohersteller Rückspiegel, die alle Autos – auch die Überholenden – zeigen.

Von dieser Art Konkurrenz dürften auch die Frauen nicht ganz frei sein:

Während der ersten Fahrstunde meint Frau Huber kritisch: „Der kleine Spiegel dort oben ist schlecht eingestellt.“ „Wieso denn?“, fragt der Fahrlehrer überrascht. „Na ja, das Einzige, was ich darin sehen kann, sind die Autos hinter uns.“

Ansonsten scheinen die männlichen Autofahrer auf diese Dimension deutlich stärker abzufahren als die weiblichen. Bei vielen Männern fällt oft im Auto in Konkurrenzsituationen ganz rasch der zivilisatorische Lack ab und sie regretieren auf archaische Muster:

Sagt der Fahrlehrer: „Mit meinem Fahrschüler geht es vorwärts. Den Wagen beherrscht er zwar noch nicht, aber mit anderen Autofahrern und mit Fußgängern schimpft er bereits so ordinär wie ein ausgebildeter Autofahrer."

Konkurrenzsituationen sind naturgemäß anfällig für zynische Umkehrinterventionen. Jeder, der sich in Konkurrenz begibt, muss damit rechnen, dass er dabei abstürzt (den Kürzeren zieht):

Meier hat beim Einparken einen anderen Wagen berührt. Aufgeregt kurbelt der andere sein Fenster herunter und sagt: „Sie fahren wie ein Anfänger, haben Sie überhaupt eine Führerscheinprüfung gemacht?" Kurbelt Meier sein Fenster herunter und zischt wütend: „Bestimmt öfter als Sie!"

Der Gegensatz von symbiotisch und ödipal spielt auch eine Rolle in der Automobilindustrie. So erinnere ich mich, dass es bei Audi nach der Konstruktion des legendären Audi Quattro einen Konflikt gab, ob man das neue System als sicherer oder als schneller bewerben und verkaufen sollte. Mit der These „sicher" würde man sich in Konkurrenz zu Mercedes begeben, die mehr auf die symbiotischen Dimensionen setzten („dein guter Stern auf allen Straßen"), mit der Annäherung „schneller" aber in Konkurrenz zu BMW, die mehr Wert auf Schnelligkeit und Konkurrenz legten. Mit dem Sieg bei Rallyes entschied man sich dann für die ödipalen Dimensionen. Inzwischen ist man wieder bei der Sicherheit gelandet.

„Der Fahrer des neuen Porsche sieht überrascht, dass neben ihm ein Mopedfahrer mithält. Er beschleunigt auf 100, der Mopedfahrer ist immer noch neben ihm, er beschleunigt auf 130. Als der Mopedfahrer immer noch neben ihm ist, kurbelt er das Fenster herunter und fragt: „Na, Junge, hast du auch den Tiger im Tank?" „Nein", sagt der Mopedfahrer, „aber meine Jacke in Ihrer Türe."

Das Auto ist auch ein schönes Beispiel für die These von Paul Watzlawick, dass oft in der Geschichte der Menschheit die Lösung eines Problems zum Problem wird. Zeitungsmeldungen vor 100 Jahren wirken heute komisch:

„Die Verbesserung der städtischen Lebensbedingungen durch die Einführung des Automobils kann man kaum überschätzen. Die Straßen bleiben sauber, sind staub- und geruchlos, befahren von Fahrzeugen, die sich auf Gummireifen sanft und geräuschlos dahinbewegen und einen großen Teil der Nervenbelastung des modernen Lebens ausschalten."

Mann-Frau-Humor

In ihrem Buch „Das Gelächter der Geschlechter" stellt Helga Kotthoff die These auf, dass die verschiedenen Formen des Humors auch dazu verwendet werden, den Geschlechterkampf auszutragen. Auch Karin Huffzky beschreibt in ihrem Buch „Wer muss hier lachen?" den Witz als Machtinstrument von Männern gegenüber Frauen. Nach meiner Meinung ist das hier aufgezeigte Problem aber ein allgemeines und nicht unbedingt auf das Geschlecht bezogen. Immer schon haben sich die Obertanen über die Untertanen lustig gemacht. Der Adel lachte über die Nicht-Adeligen, die Griechen und Römer über die „Barbaren" und natürlich das „stärkere" Geschlecht über das „schwächere". Wer ist aber heute das „stärkere" Geschlecht?

Was die Geschlechter betrifft, scheinen sich die Machtverhältnisse zurzeit umzukehren. Auf den Markt kommen immer mehr Bücher wie das von Sybille Fritsch: „Wenn Frauen herzhaft lachen. Die besten Witze über Männer". Oder Christiane Collange: „Der gerupfte Pascha oder Adam, was nun?" Oder „Starkes vom schwachen Geschlecht" etc.

Es wird schon stimmen, dass ein Machtgefälle auch immer durch Spott, Hohn und Witze der Stärkeren über die Schwächeren manifestiert wird. Wenn es zwischen den Geschlechtern ein Machtgefälle in die eine oder andere Richtung gibt, dann kann sich das natürlich auch in Form von Witzen äußern.

Dies ist aber nicht geschlechtsspezifisch, sondern machtspezifisch. Manchmal betrifft es auch beide:

Ein junges Ehepaar, das sich sehr oft streitet, geht in ein Restaurant. Plötzlich lässt der Kellner das Tablett mit dem Geschirr fallen – und die Scherben klirren. „Hör mal", meint der Gatte, „sie spielen unser Lied!"

Immer schon waren die Witze natürlich auf Konkurrenz bezogen, z. B. unter Männern:

Der Redner donnert vom Podium herab: „Wer war tapferer als Prinz Eugen, weiser als Sokrates, geistreicher als Goethe, schöner als Apoll?" Stimme aus dem Hintergrund: „Der erste Mann meiner Frau!"

Oder unter Frauen:

Der Polizist zur Täterin: „Sie haben ein falsches Alter angegeben." Darauf sie: „Ein falsches nicht, nur eins von früher."

„Über zwanzig Jahre bin ich glücklich verheiratet und liebe noch immer die gleiche Frau!" „Das ist doch herrlich!" „Ja, aber wenn das meine Ehefrau erfährt, dann ist der Teufel los."

Hier gilt als Führungs- und Interventionsprinzip, dass man immer beide Seiten bei Witzen berücksichtigen muss: nie einen Männerwitz ohne Frauenwitz und umgekehrt.

Viel interessanter als die Machtfrage zwischen den Geschlechtern wäre die Frage, ob der Zugang zu den verschiedenen Formen des Komischen bei Mann und Frau verschieden ist, ob Frauen unabhängig von der Machtfrage einen anderen Humor haben als Männer. Diese Frage scheint weitgehend ungeklärt. Ich habe dazu in der Literatur nicht viel gefunden und auch bei meinen eigenen Recherchen und Erlebnissen habe ich bis jetzt keine „Erleuchtung" erhalten. Dabei wäre die Frage natürlich für Führungssituationen äußerst interessant und wichtig.

Was Gruppenverhalten betrifft, wissen wir allerdings schon einiges über die unterschiedlichen Zugänge von Männern und Frauen. Ich habe das an anderer Stelle ausführlich dargestellt (vgl. „Die ‚Heilige Ordnung' der Männer", „Männer und Frauen im Gruppenverhalten" und „Frauen und Hierarchie"). Überträgt man diese Verhaltensunterschiede von Frauen- und Männergruppen auf mögliche humorvolle Interventionen der Führung, dann ergeben sich einige deutliche Unterschiede.

Humor ist hier wie immer als eine Art Korrektiv einzusetzen, um auf die Stärken und Schwächen der verschiedenen Konstellationen aufmerksam zu machen. Nun haben Frauengruppen, Männergruppen und gemischte Gruppen ja ihre eigenen Vor- und Nachteile und ihre eigenen Schwierigkeiten. Diese sollten in Witzen und lustigen Geschichten oder Bemerkungen reflektiert werden. Wenn in Männergruppen eher das Verhalten des Gruppendrucks auffällt, wird man mit dem Vergleich „Sie verhalten sich wie Lemminge" zwar keine Heiterkeit ernten, mit dem Slogan: „Lemminge aller Herren Länder, vereinigt euch" erreicht man aber vielleicht die Einsicht in das eigene Verhalten. Der Unterschied zwischen den beiden „Lemming-Äußerungen" besteht darin, dass im zweiten Spruch eine Gemeinsamkeit fingiert wird – man ist also nicht allein mit seinem „Lemming-Verhalten“, sondern dieses gibt es auf der ganzen Welt. Die Fiktion oder der Hinweis einer Zugehörigkeit wirkt bei kritischen oder vielleicht auch zynischen Äußerungen immer mildernd und ist sozial verträglicher.

Bei Frauen werden Konkurrenzen gerne versteckt ausgetragen, es wird „hinter dem Rücken“ schlecht über jemanden gesprochen. Um aus diesem Hinterrücks herauszukommen, ist es notwendig, das offen anzusprechen. „Wer ist hier die Herrin aller Geheimnisse?“

Das Ansprechen von Verhaltensweisen auf der Metaebene ist in eingefahrenen Mustern besonders wichtig. So ist das Zusammenarbeiten von Männern und Frauen im Berufsleben im Unterschied zum Zusammenleben von Männern und Frauen in familiären Konstellationen relativ neu. Es hat eine deutlich andere Qualität und ist in unserer Tradition noch nicht vollständig verankert. Es ist noch keine 100 Jahre her, dass die ersten Frauen in Wissenschaft und Politik, in Wirtschaft und Kultur in größerer Zahl auftauchten. In manchen gesellschaftlichen Formen wie z. B. der katholischen Kirche gibt es Frauen in Führungspositionen immer noch nicht, sehr wohl aber Witze darüber:

Treffen sich zwei alte Bischöfe: „Sag, mein Freund, glaubst du, werden wir es noch erleben, dass eine Frau Päpstin wird?“ „Nein, das werden wir nicht mehr erleben!“ „Und, glaubst du, werden wir es noch erleben, dass das Zölibat aufgehoben wird?“ „Nein, nein, auch das werden wir nicht mehr erleben, ... aber unsere Kinder bestimmt!“

Dass Frauen in Führungspositionen nicht mit gleichem Maßstab gemessen werden, zeigt der folgende Stoßseufzer:

Mit zweierlei Maß
Von Natascha Josefowitz

Ein Familienfoto auf SEINEM Schreibtisch: Ein solider, treu sorgender Mann.
Ein Familienfoto auf IHREM Schreibtisch: Ihre Familie kommt vor dem Beruf.

SEIN Schreibtisch ist überladen: Er ist sehr belastbar und fleißig. IHR Schreibtisch ist überladen: Sie ist unordentlich und zerfahren.

ER spricht mit Kollegen: Er wälzt geschäftliche Probleme.
SIE spricht mit Kolleginnen: Sie klatscht.

ER ist nicht an seinem Schreibtisch: Er wird in einer Konferenz sein. SIE ist nicht an ihrem Schreibtisch: Sie ist wohl auf der Toilette.

ER ist nicht im Büro: Er trifft sich mit Kunden.
SIE ist nicht im Büro: Sie wird beim Einkaufen sein.

ER ist mit dem Chef zum Essen: Er macht Karriere.
SIE ist mit dem Chef zum Essen: Die haben was miteinander.

Der Chef hat IHN kritisiert: Er wird sich zusammennehmen.
Der Chef hat SIE kritisiert: Das wird ihr zugesetzt haben

IHM ist Unrecht geschehen: Ist er wütend geworden?
IHR ist Unrecht geschehen: Hat sie geweint?

ER heiratet: Das gibt ihm mehr Beständigkeit.
SIE heiratet: Dann kommt ein Kind, und sie geht.

Bei IHM gibt es Nachwuchs: Grund für eine Lohnerhöhung.
Bei IHR gibt es Nachwuchs: Sie fällt aus – die Firma zahlt.

ER geht auf Geschäftsreise: Das ist gut für seine Laufbahn.
SIE geht auf Geschäftsreise: Was sagt ihr Mann dazu?

ER kündigt und verbessert sich: Er weiß eine Chance zu nutzen. SIE kündigt und verbessert sich: Frauen sind unzuverlässig.

(Aus „Wege zur Macht“ von Natasha Josefowitz, Gabler, Wiesbaden 1991)

In den letzen Jahren und Jahrzehnten wird aber die Beziehung der Geschlechter auch im Berufsleben und vor allem in der Wirtschaft ein immer stärkeres Thema, das natürlich jetzt und in Zukunft der humorvollen Bearbeitung bedarf. Bis jetzt wird nur die Diskriminierung aufs Korn genommen.

Dabei treten bei Männern und Frauen und bei gemischten Gruppen ganz unterschiedliche Problemlagen auf. Führungspersonen sollten diese berücksichtigen, wenn sie punktgenau intervenieren wollen. Die Hauptkritikpunkte oder Hauptschwächen (gleichzeitig auch Stärken) im Verhalten der Männer sind:

- Gangbildung,
- Funktionalisierung,
- Konformitätsdruck,
- Rationalisierung.

Auf diese Schwächen/Stärken zielen weibliche, aber auch männliche Interventionen. Die Hauptschwächen/-stärken als Ziel für Interventionen bei Frauen sind:

- Rivalisierung,
- Identität,
- Zweierbeziehungen.

Interessant bei unseren Untersuchungen war, dass sich diese Kritikpunkte zwischen den Geschlechtern nicht primär auf die Interaktion zwischen Männern und Frauen bezogen, sondern auf das Verhalten des anderen Geschlechts zum eigenen. Frauen kritisieren an den Männern ihre Anfälligkeit für männlichen Konformitätsdruck in einer Männergang. Männer kritisieren an Frauen ihren Hang zum Konflikt mit anderen Frauen. Witze zwischen den Geschlechtern konzentrieren sich in ihrer Hauptsache auf die sexuellen Defizite, etwa die unterschiedliche sexuelle Potenz bei Männern und Frauen in der Intimsphäre:

Er hat sich neue Schuhe gekauft und freut sich schon auf die Reaktion seiner Frau. „Fällt dir gar nichts auf an mir?" „Nein, was soll mir auffallen?" Er ist ziemlich frustriert, beschließt aber trotzdem einen neuen Versuch zu wagen, zieht sich nackt aus bis auf die neuen Schuhe und stellt sich vor seine Frau: „Fällt dir jetzt was auf an mir?" „Na ja, eigentlich nicht, er hängt wie immer!" „Der hängt nicht, der sieht sich meine neuen Schuhe an!" „Na, da hättest du dir aber besser einen neuen Hut gekauft!"

Fasst man die „sexuelle Potenz" etwas weiter, dann stellt sich heraus, dass es auch eine soziale Potenz gibt, die sich bei Männern und Frauen ganz unterschiedlich äußert.

Männliche soziale Potenz ist meist hierarchische Position. Hierher gehören die traditionellen Sekretärinnenwitze. Sie gehen davon aus, dass soziale Position auch sexuell attraktiv macht. Das Bewusstsein dieser Art von Attraktivität macht allerdings aus dem „Verführer" meist einen „Verführten", der dann der jeweiligen attraktiven Sekretärin, Mitarbeiterin, Kollegin etc. ausgeliefert ist.

Drei Sekretärinnen stellen sich beim Direktor vor. Er gibt jeder ein Kuvert und meint: „Bitte tragen Sie die 100 Euro auf die Bank." In dem Kuvert sind 200 Euro. Die erste kommt zurück und meint: „In dem Kuvert waren 200 Euro. Ich habe sie auf ein Sparbuch gelegt."

Die zweite kommt zurück und meint: „Es waren 200 Euro drin. Ich habe 100 Euro auf ein Sparbuch gelegt und hier sind die restlichen 100 Euro."

Die dritte kommt zurück: „Ich habe 100 Euro auf ein Sparbuch gelegt, die anderen 100 Euro habe ich ins Casino getragen und 300 Euro daraus gemacht. Hundert habe ich mir eingesteckt und 200 sind für Sie!"

Frage: Welche von den dreien hat er eingestellt?

Antwort: die mit dem größten Busen!

Nach Lackner hat dies seinen Grund darin, dass die von den Männern gebildete und daher auch beherrschte Ordnung jene der Hierarchie ist. Die Stärke der Frauen liegt aber in einer Beziehungsordnung, die mit der Ordnung der Hierarchie keineswegs übereinstimmt.

„Mit dem aktiven Eintritt von Frauen in die ursprünglich männliche Welt der Organisationen befinden wir uns in einem unauflösbaren Dilemma. Einerseits sind Organisationen an der Wahrnehmung von Funktionen interessiert. Für die Organisation selbst ist es dabei unerheblich, ob diese Funktion von Männern oder von Frauen ausgeübt wird, solange das Ergebnis stimmt und garantiert werden kann. Andererseits werden diese Funktionen von Menschen ausgeübt und damit bahnt sich das Unlogische, das funktional nicht Fassbare seinen Weg. Zwischen Menschen bilden sich Beziehungen, die mit einer hierarchischen Ordnung übereinstimmen oder nicht. Unter Männern etabliert sich ein kongruentes Beziehungsgeflecht. Rang- und Positionsfehden lassen sich mit den bestehenden Über- und Unterordnungsverhältnissen der Hierarchie in Einklang bringen; mehr noch, die Hierarchie ermöglicht den Männern, sich durch Leistungsvergleiche und Leistungskonkurrenz voneinander zu unterscheiden und sich durch Positionierungen innerhalb der Rangordnung Attraktivität gegenüber den (im Unternehmen noch nicht vorhandenen) Frauen zu erwerben. Der Eintritt der Frauen in dieses soziale Gefüge irritiert diese Welt der Über- und Unterordnungsrituale. Zum Beispiel geht es nicht mehr nur um Leistungsvergleiche, es geht um sie. Sie zu umwerben, ihre Gunst zu gewinnen, sie zu beherrschen, sie zu „kriegen“. Aber Frauen sind nicht in die Arbeitswelt eingedrungen, um dort Männer zu verwirren, umworben, beschützt oder gar beherrscht zu werden; sie wollen „nur“ ihre Arbeit tun, und das so gut wie möglich oder besser, und dafür die gleiche Anerkennung und Entlohnung erhalten wie die Männer. Dies tun sie mit Hilfe ihrer Potenz, die nun freilich anderen Mustern gehorcht als die Potenz der Männer“ (Lackner, 2004, S. 9).

Durch die soziale Potenz der Frauen kommt der bislang häusliche „Beziehungsstress“ nun auch in die Büros von Wirtschaft und Verwaltung. Hauptthemen – sichtbar in den Witzen – ist die Machtumkehr in der Mann-Frau-Beziehung. Dass die Chefsekretärin immer schon ihren Chef „geführt“ hat, ist eine Binsenweisheit. Heute sind alle Mitarbeiterinnen, die jung, hübsch und intelligent sind, im Verdacht, ein Verhältnis mit ihren Chefs oder Kollegen zu haben.

Auf einem Empfang flüstert ein Mann einer hübschen Kollegin etwas ins Ohr. Sie wird zornig und brüllt ihn an: „Was bildest du dir eigentlich ein? Wie kommst du überhaupt auf die Idee, ich könnte so etwas wollen!" Etwas leiser und drohend: „Es sei denn, du bist der Gauner, der mir mein Tagebuch aus dem Schreibtisch gestohlen hat."

Die in einer Organisation kursierenden Witze sind jedenfalls ein Spiegelbild der Problemlage.

Wir haben schon oft festgestellt, dass Gruppen und auch Organisationen, z. B. über Gerüchte, versuchen, attraktive Frauen mit vorhandenen Männern – meist in Alpha-Position – in Verbindung zu bringen. So vermutet man zwischen dem Kapitän eines Flugzeugs und der Chefstewardess ein Verhältnis, zwischen einem Gruppendynamik-Trainer und seiner Co-Trainerin, einem Primararzt und einer Krankenschwester usw.

Frage: Was ist das Einzige, was man einem nackten Piloten noch vom Leib reißen kann? Antwort: die Stewardess!

Ein Kapitän vergisst im Flugzeug nach einer Ansage das Mikrophon abzuschalten, sodass alle Passagiere hören können, wie er zum Co-Piloten sagt: „So, jetzt trinke ich noch einen Kaffee und dann vernasche ich die neue Stewardess." Diese hört das, wird rot und läuft nach vorne. Dabei stolpert sie in ihrer Aufgeregtheit und fällt hin. Ein Passagier ist ihr beim Aufstehen behilflich und sagt: „Sie brauchen sich nicht so zu beeilen, er trinkt eh noch vorher einen Kaffee."

Vermutlich handelt es sich hier um einen Abwehrmechanismus, der mehrere Funktionen hat. Erstens wird eine Frau, die einem Mann zugeordnet werden kann, dadurch entschärft, dass wieder ein traditionelles Paar-Verhältnis vermutet wird. Mit einem solchen können Sozialgebilde besser umgehen als mit frei herumschwirrenden weiblichen Potenzen, die für männliche Strukturen ein erhebliches Verwirrpotenzial darstellen können. Zweitens ist eine männlich-weibliche Verbindung als Paar auch oft eine Art Elternersatz, der insbesondere in Unsicherheitssituationen, wie

z. B. im Flugzeug, in Trainingssituationen, im Krankenhaus usw. geeignet ist, diese Unsicherheit zu reduzieren. Die kursierenden Witze haben auch hier wieder eine aufklärerische Funktion, um dieses Problem deutlich werden zu lassen. Zur Bearbeitung steht es aber erst dann an, wenn sich Friktionen im Ablauf der Arbeit zeigen.

Die neue hübsche Sekretärin kommt weinend aus dem Büro des Chefs. „Was ist denn los?", fragt eine Kollegin. „Der Chef hat mich zu einer Dienstreise eingeladen." „Und wieso ist das zum Weinen?" „Ich habe ohnehin zuerst darüber gelacht, aber da hat er mir gekündigt."

Diese jeweiligen Schwächen tauchen in immer mehr Studien auf, die den geschlechtsspezifischen Humor untersuchen. Meist stellt sich dabei heraus, dass Frauen immer mehr in die bisher den Männern vorbehaltene Domäne bissiger und aggressiver Witze hineinkommen. Dem gesellschaftlichen Wandel entsprechend fühlen sie sich nicht mehr unterlegen und können daher auch ihre Dominanz oder ihren Widerstand in Form von Witzen ausspielen. Meines Erachtens beweist dies aber nur meine obige These, dass es sich hier um machtspezifische und nicht um geschlechts-spezifische Unterschiede handelt.

Wie immer bei neuen Wissenschaften oder neuen wissenschaftlichen Erkenntnissen alter Wissenschaften wird versucht, ein System auf alle Probleme des Lebens auszudehnen. So finden sich natürlich auch heute Studien, die den Geschlechtsunterschied beim Humor in den unterschiedlichen Genen von Männern und Frauen entdecken.

So könnte es z. B. sein, vermuten Biologen, dass der unterschiedliche Zugang zum Lachen – Männer bevorzugen nämlich Frauen, die über ihre Witze lachen, und Frauen bevorzugen Männer, die sie zum Lachen bringen – einen gentechnischen Selektionsvorteil darstellt (vgl. Bressler, 2005).

Humor-Training

Für den Fall, dass Sie dieses Kapitel als erstes lesen, aber auch für den Fall, dass Sie sich schon durch das Buch durchgearbeitet haben, ist es sinnvoll, sich noch einmal die Zielsetzung zu reflektieren. Führen mit Humor enthält einige Fallen, bei denen man unter Umständen das Gegenteil von dem erreicht, was man will. Wenn sich der Stärkere (z. B. hierarchisch Höhere) über den Schwächeren lustig macht, dann exekutiert man jenes Muster des Komischen, das über die Jahrtausende hindurch das Lachen in Misskredit gebracht hat, und es wird destruktiv eingesetzt.

Nun ist die Destruktivität des Lachens aber nicht per se etwas Schlechtes. Wenn es dazu verwendet wird, absolute Ansprüche zu relativieren, Autoritätsattrappen zu Fall zu bringen, Aufklärung im weitesten Sinne zu betreiben, dann wird diese Destruktivität als pädagogisch hilfreich und als emanzipatorischer Akt verstanden. Dies zu entscheiden ist Sache der jeweiligen Situation und der individuellen Freiheit.

Lachen ist eine Befreiung oder Freiheitsleistung. Das primäre Ziel des Humors als Führungsleistung wird es daher immer sein, eine Situation herzustellen, in der die – immer vorhandenen – Probleme durch Lachen bewältigt werden können.

Es folgt eine Reihe von Hinweisen, wie solche humorvollen Situationen hergestellt werden können.

Ernsthaftigkeit beseitigen

Eine humorvolle Situation entsteht immer dadurch, dass Barrieren, Hindernisse weggeräumt werden, Angst beseitigt wird, indem man sie etwa „erlaubt“. Alle diese Maßnahmen lassen sich mit dem Begriff der Beseitigung von „Ernsthaftigkeit“ zusammenfassen. Die Ernsthaftigkeit hat individualgeschichtlich und natürlich menschheitsgeschichtlich einen guten Sinn: Sie sichert die erwachsene Kontrolle. Lachen führt zurück auf den kindlichen Urzustand.

Diesen Urzustand – sozusagen kontrolliert – teilweise wieder herzustellen, wäre die Kunst des Führens mit Humor. Die erste Führungsleistung wäre demnach andere dazu zu bringen, den in ihnen selbst vorhandenen Humor zu aktivieren. Dies wäre eine Art sokratische Hebammenkunst. Ich bin überzeugt, dass jeder Mensch – auch der „humorloseste"– zum Lachen aktiviert werden kann. Dabei meine ich nicht das „Mitlachen" mit anderen, sondern das aktive Aufsuchen oder Herstellen komischer Situationen. So etwas ist als kollektive Regression im Kreise Gleichgesinnter zu erleben.

Die so genannten „Lockerungsübungen" in Sitzungen oder bei Seminaren sind sicher ein Regressionsangebot an die Teilnehmer, wenn sie gemeinsam kurze Bewegungsübungen machen oder durch Zuwerfen eines Balles zum Beispiel ihre Namen lernen. Fast immer führen diese gemeinsamen Aktionen nicht nur zu einer körperlichen, sondern auch zu einer sozialen Auflockerung. Man lacht gemeinsam über sich selbst oder die ungewöhnliche Situation.

Auch können Abmachungen in Gruppen zu humorvollen wie spannungslösenden Aktionen führen. Wenn die Gruppe sich darauf einigt, bei einem bestimmten problematischen Verhalten (Vielredner, Neinsager etc.) etwa ein bestimmtes Wort zu rufen oder eine „Kennmelodie" anzustimmen oder auch einen bestimmten Gegenstand hochzuheben, dann wirkt dies einerseits als Feedback und andererseits löst es gemeinsame Heiterkeit aus.

Risikobereitschaft erhöhen – Witze trainieren

Um eine Situation komisch finden oder ihr humorvoll begegnen zu können, ist eine bestimmte innere Einstellung notwendig. Das Wichtigste ist daher wohl der Mut, aus festgefahrenen Bahnen auszubrechen, und die Bereitschaft, dieses Verlassen der Norm auch anderen zu kommunizieren. Wenn ich mir etwas Lustiges ausgedacht habe, dann warte ich auf die nächste Gelegenheit, um es zu erzählen. Erst wenn jemand lacht, weiß ich, dass das wirklich lustig ist.

Dabei muss man eine gewisse Floprate in Kauf nehmen. Auch der beste und erfahrenste Kabarettist hat keine hundertprozentige Erfolgsrate. Über einige seiner Einfälle lacht man, über andere nicht. Am Anfang einer Humoristenkarriere wird diese Floprate recht hoch sein. Diese Zeit muss man durchstehen und warten, bis durch Übung und Training die Erfolgsquote steigt.

Wenn man sich gut unterhält, und alle lachen über alles, kann man relativ risikolos seinen Humor erproben und trainieren. Ich vermute übrigens, dass ein wesentlicher Sinn vieler Zusammenkünfte darin besteht, gemeinsam auf eine kindliche Ausgelassenheit zurückzukommen und sich damit sorgenfrei wohl zu fühlen. Möglicherweise lässt sich der erwachsene sorgenbehaftete Alltag ohne solche Erholungsphasen viel schwerer ertragen.

Humoristische Vorbilder

Zur Überbrückung dieser Zeit des Misserfolgs oder des geringen Erfolgs mit eigenen Witzen sollte man auf bewährte Bonmots oder Anekdoten anerkannter Fachleute zurückgreifen. Natürlich kann und sollte man auch Anleihen bei den Kabarettisten der Gegenwart und der Vergangenheit machen. Die großen Humoristen wie Nestroy, Busch, Cervantes oder Aristophanes bieten immer wieder Anregungen für das Herstellen komischer Situationen (im Literaturverzeichnis finden sich noch weitere Empfehlungen für die Lektüre).

Ebenfalls für den Übergang zur Konstruktion eigener Pointen eignet sich die Modifizierung bekannter Geschichten. Meist muss man hier nur andere Namen einsetzen und schon passt der Witz auf den Chef des Unternehmens, des Ministeriums oder der Abteilung.

Einem DDR-Bewohner wird das Telefon entzogen. Er beschwert sich und fragt nach den Gründen. Die Antwort kommt prompt: „Sie haben den Staatssicherheitsdienst verleumdet.“ „Ich? Inwiefern?" „Sie haben wiederholt am Telefon behauptet, er würde Ihr Telefon abhören!"

Statt DDR kann man heute vielleicht schon „USA“ einsetzen.

Sprichwort-Parodien

Sprichwörter oder bestimmte „Wahrheiten“ abwandeln oder in ihr Gegenteil verkehren ist ein relativ leicht trainierbarer Weg, mancher Situation ihre Ernsthaftigkeit zu nehmen und ein bisschen mehr Leichtigkeit in den Alltag zu bringen. Zum Beispiel:

> Wer rastet, soll auch rosten.
>
> Ehre, wem Lehre gebührt.
>
> Was Hans lernt, lernt Hänschen immer noch.
>
> Schimpfen wie ein Edelspatz.
>
> Wer nicht sucht, der findet.
>
> Wo kein Licht, ist auch kein Schatten.
>
> Mit Speck fängt man Läuse.
>
> Es geht um Kropf und Kragen.
>
> Usw.

Chef, das bekannte Unwesen

Die gruppendynamisch wichtigste Intervention ist sicher, eine „humoristische Leistung“ nicht zu sanktionieren, sondern zu belohnen. Mitlachen ist ohnehin die größte Belohnung für eine komische Situation, aber darüber hinaus kann auch noch auf die befreiende Wirkung des Komischen hingewiesen werden, wodurch andere ermuntert werden, ihrerseits das Instrument des Komischen zu verwenden, um „die Lacher auf ihre Seite“ zu bringen.

Natürlich müssen Ernst und Komik in einem ausgewogenen und der Situation angemessenen Verhältnis stehen. Manche Chefs wehren sich dagegen, „dass alles und jedes verblödelt wird“. Vielleicht hat man hier eine größere Toleranz, wenn man weiß, dass dieses „Verkaspern“ einer Situation die Wahrheit vollständig macht und auch hilft, unangenehme Situationen zu ertragen. Es gibt Berichte, dass sogar unter den schrecklichsten Bedingungen (im Krieg, im Luftschutzkeller, im Gefängnis etc.) die Menschen noch dankbar waren für einige Witze oder komische Auflockerungen des tristen Alltags.

Die Gegenteilsregel

Ziemlich fündig wird man mit der Gegenteilsübung: Was wäre, wenn das Gegenteil vom eben Gesagten auch wahr wäre?

Ein langweiliger Vortrag: Es war unglaublich spannend ...
Essen kalt: Vorsicht, Verbrennungsgefahr!

Ein klassisches Beispiel, bei dem immer zwei Wahrheiten gelten: Fast jeder Vorgesetzte in einer Hierarchie befindet sich in einer Sandwichposition.

Er ist Mitglied einer Gruppe, die er zu führen hat, und gleichzeitig Mitglied einer Gruppe, die von einem anderen – nämlich seinem Chef – geführt wird. Beide Gruppen wollen von ihm Unterschiedliches. Seine Mitarbeiter wollen, dass er ihre Anliegen und Interessen „nach oben“ vertritt, sein Chef und seine Kollegen erwarten, dass er die Interessen des Systems „nach unten“ vertritt.

Es kann nicht ausbleiben, dass einmal die einen unzufrieden sind, dann wieder die anderen. „Ernsthafte“ Chefs leiden unter dieser Doppelrolle. Immer eine Seite wird ihm „Verrat“ vorwerfen (auch wenn dies oft nur indirekt und andeutungsweise geäußert wird) –

und eine Seite wird ihn loyal finden (siehe dazu auch Pesendorfer, 1996).

Die Wahrheit eines Verrats auf einer Seite ist nur die halbe Wahrheit. Auch das Gegenteil ist wahr, dass er nämlich gelegentlich auch die andere Seite verraten muss. Er wird also zum „Doppelverräter“. Die „Ernsthaftigkeit“ eines einseitigen Verrats ist durch die Wahrheit des Gegenteils relativiert. Das Lachen befreit alle von der drückenden Last des (berechtigten!) Verrats, und die Gruppe hat einen neuen Freiheitsgrad gewonnen.

So kann es durchaus lustig klingen, wenn der Chef zu den Wünschen immer gleich „ja“ sagt. Er kann das parodieren und insofern auf die Verpflichtung, die er der anderen Seite gegenüber hat, hinweisen:

Mitarbeiter: „Ich möchte mehr Lohn!“ Chef: „Gerne, Herr XY.“ Mitarbeiter: „Ich will kürzer arbeiten.“ Chef: „Selbstverständlich!“ Chef: „Sonst noch Wünsche?“

„Chef, ich möchte eine Gehaltserhöhung – 10.000 mehr im Jahr!“ „Gerne, Sie bekommen ab morgen auch noch einen Porsche als Dienstwagen, ein großes Büro, zwei blonde Sekretärinnen und 20 Wochen Urlaub im Jahr!“ „Wollen Sie mich verarschen?“ „Wer hat denn damit angefangen?“

Solche Kontrastübungen sind fast überall möglich. Nestroy hat dies in der Erkenntnis zusammengefasst: „Das Komische ist ein Streich, den die Wirklichkeit der Idee spielt.“ Die meisten Ideen sind nur eine Seite eines Widerspruchs. Mit der Artikulation der Wahrheit der gegenteiligen Seite wird „die ganze Wahrheit“ sichtbar.

Nonsens-Übung

Manchmal ist der Weg zum Gegenteil nicht so einfach zu finden und bedarf einer Stufenlösung. Die erste Stufe besteht im Herstellen einer „Nonsens“-Situation. Auf die Relativierung durch den „Nonsens“ findet oft ein anderer die zweite Stufe der Ergänzung der Wahrheit durch das Gegenteil. Humor ist, wie man hier sieht, meist eine Gruppenleistung. Die Kunst des Führens besteht darin, eine solche Situation herzustellen oder zu ermöglichen. Eine kleine Hilfe war für mich der Besuch des „Nonseums", das ist ein „Nonsens Museum" im kleinen Ort Herrnbaumgarten, etwa eine Stunde nördlich von Wien. Dort werden unsinnige Dinge gesammelt, die aber oft einen heiteren Sinn haben. So finden Sie dort etwa ein tragbares Gipfelkreuz, das Sie in Ihrem Garten oder auf einem beliebigen Hügel aufstellen können, um für ein Foto zu posieren, oder einen Ständer mit einem Bild, in den viele Personen hineinpassen. So zeigt es Sie mit Ihrer Ehefrau oder mit Ihrem Chef oder mit einer sonstigen Person Ihrer Verehrung. Der Bildständer im Nonseum verfügt über einen Drehknopf, an dem man weiterdrehen kann, sodass innerhalb einer Sekunde ein anderes Bild erscheint.

Ebenfalls eine Stufe zur Höhe der Nonsensbildung sind lustige Bilder oder Vergleiche:

„Messer ohne Klingen, bei denen der Griff fehlt".

Nonsens denken ist gar nicht so schwer. Es gleicht eher einem Staudamm, bei dem man die Schleusen öffnet, dann strömt es heraus – wenn es erlaubt wird. Viele fürchten sich aber davor wie vor einem Dammbruch. Als Kinder haben wir Nonsens-Sprüche geübt und lustig gefunden, wie etwa diesen:

Zwei Wolkenkratzer sitzen im Keller, stricken Öl und schneiden Benzin. Da sagt der eine zum anderen: „Du, morgen ist Weihnachten", worauf der andere entgegnet: „Ist mir egal, ich geh nicht hin!"

Vergleiche und Pantomime

Für komische Vergleiche eignen sich auch Tiere: der Elefant im Porzellanladen, der Wolf im Schafspelz, das unschuldige Lamm, der schlaue Fuchs mit den sauren Trauben, das scheue Reh etc.

Vor der Hochzeit

Nach der Hochzeit

Nach der Scheidung

Es können auch Metaphern in ihrer wörtlichen Bedeutung zur Erheiterung dienen: Musikinstrumente geben da ein breites Repertoire ab: Man kann „die erste Geige spielen", „zum Jagen blasen",

„ins Horn stoßen“, „jemandem den Marsch blasen“ etc. Auch Gegenstände des Alltags wie „Nadelstiche“ oder ein Sieb, ein Trichter – wahrscheinlich lassen sich viele, wenn nicht überhaupt alle Gegenstände in dem geeigneten Zusammenhang verfremden und so zum Herstellen humorvoller Situationen verwenden.

Bestimmte Handlungen, verfremdet dargestellt, können sehr lustig und auch aufklärend wirken. Wenn sich beispielsweise jemand über ein ihm hingeworfenes Manuskript ärgert, kann er dieses z. B. besonders vorsichtig und liebevoll an sich drücken. Will jemand signalisieren, dass etwas langweilig ist, führt er seine Hand zu den Augen und hilft den Augenlidern, offen zu halten. Oder wenn jemand etwas nicht sehen will, es aber gesehen hat, hält er die Augen zu. Viele solcher Gesten können auflockern und Spaß in die Runde bringen.

Lustige Situationen kann man auch herstellen, indem man auf einen anderen als den gewohnten Sinn eines Begriffs hinweist (Doppeldeutigkeiten).

Understatement

Eine starke Führungsintervention ist aber nach meiner Erfahrung das humoristische Understatement. Darunter verstehe ich die Fähigkeit, andere dazu zu bewegen, sich über mich lustig zu machen, weil ich mich selbst über mich lustig mache. Eigene Fehler auf heitere Weise einzugestehen, hilft fast immer, eine gespannte Atmosphäre zu entkrampfen, und führt meist dazu, dass auch andere in sich den Clown entdecken.

Mir passiert es zum Beispiel öfter, dass ich in meiner Vorlesung an der Universität oder aber auch bei Vorträgen drei Punkte zu einem Thema ankündige, aber nach der Erläuterung von zwei Punkten zum nächsten Thema übergehe, weil ich vergessen habe, dass ich drei Punkte angekündigt habe. Wenn dann eine Studentin oder ein Student aufzeigt und mich darauf aufmerksam macht, dass der dritte Punkt noch fehlt, erzähle ich gerne folgenden Witz:

Kennen Sie die drei Vorzüge von Alzheimer?
1. Man kann sich die Ostereier selbst verstecken.
2. Man lernt jeden Tag neue Leute kennen.
3. Man kann sich die Ostereier selbst verstecken.

Dann ist niemand mehr auf mich böse.

Die Zwei+Eins-Regel

Die Zahl 3 ist eine bedeutende Zahl. Ob es heißt „tres faciunt collegium“– etwa erst ab drei Personen gibt es eine Gruppe – oder ob ein logischer Schluss aus Prämisse 1 (Major) und Prämisse 2 (Minor) dann zu 3 der Conclusio führt. Ob die Trinität oder Vater-Mutter-Kind, was immer man ansieht, es gehen einem wesentlichen Ereignis (Kind, Schlussfolgerung etc.) immer zwei Schritte oder zwei Gegensätze voraus. Es wundert daher nicht, dass auch beim Humor diese Regel 2 + 1 anzuwenden ist.

Ein Chef sitzt mit zwei seiner Mitarbeiter beim Mittagessen. Da kommt eine Fee vorbei und sagt: „Jeder von euch hat einen Wunsch frei.“ Sagt der erste Mitarbeiter: „Ich wünsche mich sofort in die Karibik auf einen schönen Strand.“ Die Fee nickt und der Mitarbeiter verschwindet. Der zweite sagt: „Ich wünsche mich auf den Gipfel des Kilimandscharo, den ich letztes Jahr bestiegen habe.“ Die Fee nickt und auch dieser Mitarbeiter verschwindet. Übrig bleibt der Chef. „Was wünscht du dir?“, fragt die Fee: „Ich wünsche mir, dass die beiden Deppen um 14 Uhr wieder bei der Arbeit sind.“

Viele Mitarbeiter lassen deshalb immer ihren Chef zuerst sprechen.

Manche Witze sind nach der Zwei+Eins-Regel konstruiert. Manchmal ist es nur eine lineare Steigerung:

Ein Münchner, ein Berliner und ein Wiener treffen sich. Sagt der Berliner: „Ich hab einen Bruder, zu dem sagen alle ‚Hochwürden‘.“ Sagt der Münchner: „Das ist gar nix, ich hab einen Onkel, zu dem sagen alle ‚Exzellenz‘.“ Darauf der Wiener: „Ich hab eine Schwiegermutter, wenn die wo hinkommt, sagen alle ‚Allmächtiger Gott‘.“

Drei Männer streiten, wer denn der Stärkste von ihnen sei.
Der erste: Ich bin so stark, dass ich mit einer Hand einen Eisbären erwürgt habe.
Der zweite: Ich bin so stark, dass ich mit einem Handkantenschlag einen Eisberg zerschmettert habe.
Der dritte: Kennt ihr das Tote Meer? Das war ich!!

Die dritte Sequenz, also die „Pointe“, kann aber auch quer gegen die ersten beiden liegen, sodass ein Überraschungseffekt auftritt:

Fragt ein Mitarbeiter den Personalchef: „Mich würde interessieren, was unser Chef im Jahr verdient.“ Personalchef: „Können Sie schweigen?“ Mitarbeiter: „Ja natürlich.“ Der Personalchef: „Sehen Sie – ich auch.“

Die Verfremdungsregel

Für die Pointe eines Witzes wird ein Element verfremdet, z. B. vergrößert, verkleinert, übertrieben oder unverhältnismäßig zu den anderen in Relation gesetzt.

In eine Sauna kommt ein Mann mit einem sehr kleinen Penis. Zwei Mädchen, die drin sitzen, kichern, und die eine flüstert zur anderen: „Schau, was der für einen kleinen Penis hat.“ Der Mann merkt, dass sie über ihn reden und sagt: „Was gibt es da zu kichern? Habt ihr noch nie eine Erektion gesehen?“

Im Folgenden sieht man, wie Witze von der Pointe her konstruiert werden können:

Ein Uno-Generalsekretär stirbt und kommt in den Himmel. Petrus führt ihn herein und sie kommen zu einem Zimmer mit lauter Uhren. Einige stehen, andere machen von Zeit zu Zeit einen Knacks. Der Uno-Generalsekretär fragt nach der Bedeutung. Petrus erklärt: „Das ist ein System, um die Qualität der Uno-Gremien zu messen. Immer wenn eine Uno-Institution einen Fehler macht, dreht sich die dazugehörige Uhr um einen Takt weiter.“ „Ein interessantes System“, meint der Uno-Generalsekretär. „Wo ist eigentlich die Uhr des Sicherheitsrates?“ Petrus: „Die ist nicht da, die verwendet der Alte als Ventilator.“

Dieser Witz kann natürlich in den verschiedensten Varianten mit allen möglichen Gremien erzählt werden. Wichtig ist dabei, dass es ein Element oder Ventil gibt, das auf übertriebene Weise dargestellt werden kann. Zu den Verfremdungen gehören natürlich auch die Verwechslungen.

Ein Chef überreicht seiner Sekretärin zu Weihnachten ein Geschenk. Sie öffnet es und es enthält ein Stück Seife. „Oh Gott", stöhnt der Chef, als er das sieht, „dann hat meine Frau den Brillantring."

Die Strickmusterregel

Horaz: *„Warum lachst du? Ändere den Namen und schon handelt die Geschichte von dir."*

Sehr geeignet für Humorinterventionen sind Kommunikationsmuster, die als Stereotype auftreten. Vermutlich kann alles, was die Regeln und die Ordnung stört, als Anlass für lustige Situationen verwendet werden: „Freudsche Versprecher", Wortspiele, Doppeldeutigkeiten, absichtliches Missverstehen, Naivität, Klischees und vieles mehr. Die Überhöhung ist natürlich noch feiner:

Zwei Freundinnen sitzen im Café und unterhalten sich: „Stell dir vor, was mir heute für ein blöder Freudscher Versprecher passiert ist. Ich sitze mit meinem Mann beim Frühstück und will zu ihm sagen: Schatzi, kannst du mir bitte die Butter rübergeben? Stattdessen hab ich gesagt: Du Arschloch hast mir mein ganzes Leben ruiniert ..."

Interventionen mit Schüttelreimen

Nach meiner Erfahrung bringen Schüttelreime meist zum Lachen oder doch zum Lächeln und helfen, die betreffende Problematik zu akzeptieren.

Wenn jemand allzu genau auf Regeln Wert legt und damit möglicherweise unnötig eine Entwicklung blockiert, hilft es zu sagen:

Nicht alles auf die Waage legen
der komplizierten Lage wegen.

Wenn man sich nicht mehr an ein Paper erinnert, das man eigentlich gelesen haben sollte, hilft es, wenn man sagt:

Ich weiß zwar nicht mehr, was ich las,
doch von dem Paper las ich was.

Auch Kritik, die man an der „Flexibilität" eines Kollegen anbringen muss, ist oft in Schüttelreimen eher akzeptabel:

So manchem gilt die Treue nix,
er sinnt auf immer neue Tricks.

Einer, der einen dreisilbigen Vornamen hat und gegen Alkohol ist, kann milder gestimmt werden, wenn man sagt:

Wenn Alkohol im Magen kreist,
platzt Ferdinand der Kragen meist.

Wenn Realitätsbezug angesagt ist:

Hier hilft kein Schätzen, Raten, Dichten,
man muss sich nach den Daten richten.

Warum wir über Schüttelreime lachen, wissen wir nicht. In der Literatur gelten sie als „Nonsensverse" (z. B. Kestranek). Im Internet kann man unter www.schuettelreime.com viele abfragen und dadurch leichter selbst welche herstellen.

Der Begriff „Nonsens" würde wieder zu unserer Definition des Komischen passen. Wenn man die beiden letzten Silben eines Satzes oder Halbsatzes vertauscht, ergibt es manchmal – leider nicht immer – einen Kontrast zum ersten Satz (oder Halbsatz). Meist ist es besser, den zweiten Satz zuerst zu denken und dann den ersten dazu zu konstruieren.

Es schwärmten kaum für Schweinehirten,
die Damen, die um Heine schwirrten.

Der Schnee, den du in Flocken siehst,
mir unten in die Socken fließt.

Das Unangenehme der nassen Socken bei unpassendem Schuhwerk im Winter führt nach der Assoziation der Schneeflocken – wenn man Glück hat – zu obigem Schüttelreim. Zur Übung wird dem Schüttler-Anfänger empfohlen, erst einmal nur Anfangsbuchstaben zweier aufeinander folgender Worte passend zu vertauschen, wie etwa:

Schicker Duft – dicker Schuft

Wein baden – Beinwaden

etc.

Viele Anregungen kann man sich bei „Reitfloh Widersinn" holen – eine Schüttelung seines wirklichen Namens „Wilfried Hornstein". Er ist leider schon vor über zehn Jahren gestorben und sein Buch „Schüttelrauher Rüttelschauer" ist schwer zu bekommen (Verlag Christian Standbrätter – eigentlich: Brandstätter ..., Wien 1994). In Wien hat Franz Mittler Schüttelreime gesammelt. Ein berühmter Kabarettist – nämlich Karl Farkas – hat dazu gesagt:

„Schüttelreime sch... der Mittler
und glaubt er sei ein Meisterschüttler."

Lachen trainieren

Wer sein Bewusstsein für mehr Heiterkeit, Freude und Spaß im Berufsleben und im Alltag wecken will, kann z. B. an einem Lachyoga-Training teilnehmen. Mit Atem- und Dehnübungen sowie pantomimischen und spielerischen Aufgaben werden die Lachmuskeln angeregt, das „Freudezentrum" im Gehirn empfängt die Botschaft, und daraus entsteht rasch spontanes Lachen. Simulation führt zur Stimulation – das Prinzip heißt „fake it until you make it", tue so als ob – bis es gelingt.

Teams, die ein solches Lachtraining gemeinsam erlebt haben, berichten über eine positive Veränderung der Grundstimmung im Unternehmen, die Kreativität wird gefördert, man lernt einander von einer neuen, einer lachenden Seite kennen. Weiter fördert Lachen auch die Produktivität. Untersuchungen haben z. B. eine

Erhöhung der Verkaufszahlen nach regelmäßigem Lachyogatraining ergeben. Die gesundheitlichen Aspekte des Lachens, die bereits im ersten Kapitel dieses Buches genannt wurden und im vierten Kapitel noch genauer beschrieben werden, sind für Firmen, die sich um das physische und psychische Wohlergehen der Belegschaft kümmern, besonders interessant.

Auf der Homepage von Ellen Müller, www.lachyoga.at, gibt es ausführliche Informationen und internationale Links zu Institutionen und Trainern, die mit Lachyoga arbeiten.

4. Ein Ausflug in die Mythologie, Religion und Literatur

Humor spielte in der europäischen Tradition immer schon eine große Rolle. Allerdings wurde er auf Grund seines vermeintlich unbeherrschbaren destruktiven Charakters sozusagen in den Untergrund gedrängt. Gelegentlich erlangte er wieder Bedeutung, wie bei den Griechen z. B. unter Perikles oder bei den Römern oder den frühen Christen. Es fällt auf, dass dies fast immer revolutionäre Zeiten waren, in denen es große geistige und gesellschaftliche Umbrüche gab. Zum Abschluss dieses „Ausflugs“ finden Sie ein Kapitel über religiöse Karikaturen.

Zunächst aber soll die schon vielfach verschobene Frage nach einer wissenschaftlichen Bestimmung von Lachen und Humor aufgegriffen werden.

Zu welcher Wissenschaft gehören das Lachen und der Humor? Der Humor hat sicher psychologische Elemente, aber auch die Philosophen haben sich damit beschäftigt. Die Neurowissenschaften entdecken immer mehr Aspekte im Gehirn, aber auch die Historiker haben etwas dazu zu sagen. Am besten macht man eine eigene Wissenschaft daraus. Dazu nehme man das griechische Wort für Lachen, also „gelos“, und hänge das Wort „logie“ daran, wie Psychologie oder Astrologie. Fertig ist die Wissenschaft: Gelotologie.

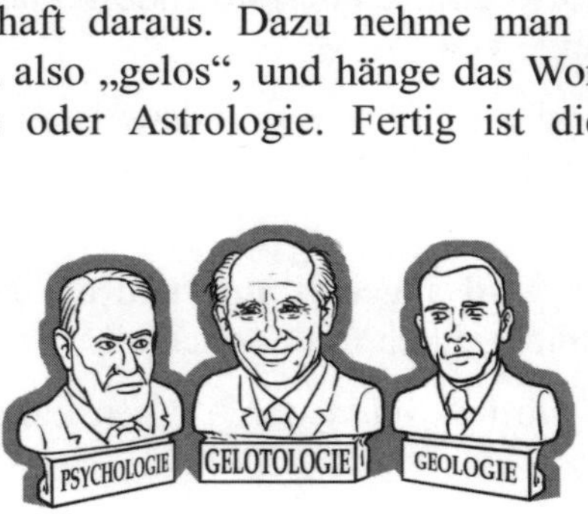

Lachforscher heißen also Gelotologen. Damit kann man auch alle Phänomene von den verschiedensten Seiten her beleuchten. Ein ähnliches Schicksal haben heute viele Phänomene unseres Lebens, die nicht in eine einzige Wissenschaft passen, z. B. Konflikte. „Konfliktforschung" ist schon wieder eine eigene Wissenschaft geworden, die psychologische, soziologische, psychoanalytische, historische etc. Elemente in sich vereint.

Noch scheint mir der große Durchbruch nicht gelungen zu sein. Im Augenblick sammelt man wie bei einem Puzzle die einzelnen Elemente in Form verschiedener wissenschaftlicher Erkenntnisse, ohne sie zu einem einheitlichen Bild zusammenbringen zu können.

In den sechziger Jahren des vorigen Jahrhunderts begannen Wissenschaftler, die körperlichen und psychischen Auswirkungen des Lachens zu untersuchen. Berühmte Lachforscher aus den Bereichen Psychologie, Psychiatrie und Sozialwissenschaften waren und sind Gregory Bateson, William Fry, Paul Watzlawick, Peter Derks, Michael Titze, Peter Hain und Christof Eschenröder.

Seit den sechziger Jahren wird die Wirkung von Lachen auf Emotionen und Gesundheit erforscht. Klar ist: Lachen verändert unsere Stimmung ins Positive. Daneben hat Lachen (nach dem derzeitigen Stand der Forschung) folgende positive Wirkungen auf die Gesundheit:

- Die Sauerstoffversorgung des Gehirns steigt an.
- Glücksbotenstoffe und schmerzstillende körpereigene Substanzen werden freigesetzt.
- Stress wird abgebaut durch verminderte Produktion der Stresshormone Adrenalin und Cortisol, dadurch kommt es zu einem besseren und erholsameren Schlaf.
- Die Verdauung wird angeregt aufgrund der Massage des Magen-Darm-Bereichs durch das Zwerchfell.
- Der Kreislauf wird aktiviert durch einen kurzfristigen Anstieg des Blutdrucks.

- Die Immunabwehr wird gestärkt.
- Die Gesichtsmuskeln werden entspannt.
- Botenstoffe (z. B. Gamma-Interferon) werden angeregt, die etwa die Vermehrung von Turmorzellen hemmen.

Während Kinder ungefähr 400 Lacher am Tag haben, lachen Erwachsene durchschnittlich nur noch 15-mal. Verschiedene Studien haben außerdem ergeben, dass vor 40 Jahren drei Mal mehr gelacht wurde als heute.

Schon 1971 entdeckte Dr. „Patch" Adams, dass Patienten schneller genesen, wenn sie öfter lachen. Der breiten Öffentlichkeit wurde er jedoch erst 1999 durch die Verfilmung seines Lebens und seiner Aktivitäten bekannt. Seiner Meinung nach ist Lachen oft die beste Medizin. Daher tritt er selbst vor seinen Patienten als Clown auf und arbeitet mit (in der Fachwelt kontrovers diskutierten) erfrischenden bzw. verrückten Methoden. In Arlington, Virginia, USA, gründete er ein Humor-Krankenhaus, das „Gesundheit! Institute". Seit Beginn der neunziger Jahre wurden seine Ideen auch in Europa populär. Inzwischen arbeiten in Deutschland mehr als 150 Kliniken und Pflegeeinrichtungen nach seinen Methoden.

Der Wissenschaftsjournalist Norman Cousins ist ein weiteres Beispiel für die positiven Auswirkungen von Lachen. In seiner Autobiografie „Der Arzt in uns selbst" beschreibt er die von ihm erfundene Lachtherapie, mit der er seine Krankheit, eine chronische Entzündung der Wirbelsäule, durch Lachen selbst heilte und dabei den Blick einer weiten Öffentlichkeit auf sich richtete.

Jeder Forscher, der irgendwo mit irgendeiner Methode eine Erkenntnis erzielt hat, versucht dann mit Kontakten zu den Medien seine Erkenntnisse zu publizieren. Das Thema scheint interessant zu sein, und viele Leser nehmen die schleichende Änderung unseres Weltbildes hier nicht oder nur sehr zögerlich zur Kenntnis.

Mit „Änderung des Weltbildes" meine ich nicht nur die Auflösung der Einteilung der Wissenschaften, sondern vor allem die positive Wirkung des Lachens und seiner Phänomene in unserer Gesellschaft. Nach jahrhundertelanger „Verteufelung“ und Untergrunddasein trauen wir uns heute, uns diesem nahe am Chaos situierten Phänomen zu nähern und sogar seine positive Seite zu erforschen.

Nach langer Unterdrückung des Geistes durch Ideologien und nach Jahrhunderten der einseitigen Bevorzugung rationaler Zusammenhänge kommen heute zunehmend die irrationalen Seiten des menschlichen Lebens in den Blick der Gesellschaft. Das Lachen ist dabei nur eines der Phänomene.

Auch ich möchte daher im Folgenden nur einige Teilaspekte des Humors beleuchten, nämlich jene, die mir für den Hintergrund und das tiefere philosophische Verständnis des Lachens notwendig erscheinen. Ich werde dabei einen Aspekt besonders beleuchten, der leider stark vernachlässigt wurde, heute aber sehr aktuell ist, nämlich den Zusammenhang von Humor und Religion.

Gott und die Welt oder Transzendenz und Komik

Unter Religion verstehen die meisten Philosophen (z. B. Schleiermacher) den Versuch der Menschen, sich mit ihren Abhängigkeiten auseinanderzusetzen. Da die Menschen zunächst sehr stark von Naturgewalten abhängig waren, personifizierten sie diese, um sich besser mit ihnen auseinandersetzen zu können. Mit dem Wind und dem Wasser kann man schlecht verhandeln. Wenn aber hinter den Naturgewalten Götter des Windes und des Wassers stehen, sieht die Sache schon besser aus.

Wir wissen nicht wann und wo, aber irgendwann haben die Menschen die Regelmäßigkeit bestimmter Naturvorgänge (z. B. Überschwemmungen) genutzt, um sie manipulativ für sich zu verwenden. Damit ist es nur ein kleiner Schritt zum Versuch, die „Götter“ zu überlisten, wie es etwa in der Odyssee beschrieben wird. Der „listenreiche“ Odysseus springt mit den Göttern ziemlich selbstherrlich um, blendet den Polyphem, täuscht die Sirenen, und fast überall gelingt es ihm, die Machtverhältnisse umzudrehen.

Der Mensch, der sich dabei langsam seiner Freiheit bewusst wurde – während er die Götter immer noch unter dem Zwang des Naturgeschehens vermutete –, interpretierte sich selbst als göttlich oder gottähnlich (Ebenbild Gottes in der Bibel). Religion wäre also ein erster Versuch der „Führung von unten“, wie wir es bei den verschiedenen Formen des Lachens entdeckt haben. Ich glaube daher, dass Lachen und Humor zutiefst religiöse Phänomene sind.

Eine der stärksten Waffen, die „Erhabenheit“ der Götter in die Niederungen des Menschlichen zu holen, ist die Komik, die durch die Kontrastwirkung zur Endlichkeit des Menschen entsteht. Ich vermute, dass erst durch die Kontrastierung der Erhabenheit der Götter mit der Komik der Endlichkeit der Mensch sich seiner Freiheit bewusst wurde. Die Götter (Naturgewalten) manipulieren zu können war das große Ereignis in der Geschichte der Menschheit. Wer sich das erste Mal über die Götter lustig machte, fürchtete sicher deren „Rache“. Wenn aber nichts passierte, wurden die Menschen immer frecher und frecher. In allen Mythologien gibt es Berichte über einen Aufstand der Menschen gegen die Götter.

Hierbei trat natürlich bald das Problem auf, dass die göttliche Erhabenheit auf die Stellvertreter der Götter auf Erden, also auf das „Bodenpersonal“, überging und damit zum konstanten Muster wurde. Die Autoritäten pochten auf Pathos und Erhabenheit, die Unterlegenen reagierten mit Spott und Komik. Von daher wurde das Lachen vermutlich – eben von den Autoritäten – als überwiegend destruktiv eingestuft.

Ein berühmtes Beispiel für den komischen Kontrast von Pathos und Realität finden wir im Roman Don Quichotte von Cervantes. Seither gilt er als Symbol für die verstiegenen Ideologien und sein Schildknappe Sancho Pansa für die Erdverbundenheit des Verstandes.

Jean Paul nennt diesen Gegensatz „einen unendlichen Widerspruch“ und meint, dass damit eine höhere Ebene des Geistes erreicht wird. Don Quichotte vollzieht den „unendlichen Widerspruch“ Jean Pauls für unsere Reflexion, wie wir sie im Lesen unmittelbar vollziehen müssen. Don Quichotte kann nicht über sich selbst lachen, wenn er gegen die Windmühlen rennt; aber auch Sancho kann es nicht, weil ihm das Handeln seines Herrn seinen Motiven entsprechend völlig unverständlich ist. Erst in unserer Reflexion im Gegensatz zum unmittelbaren Wissen des Don Quichotte und des Sancho Pansa liegt die Komik.

Kafka treibt diese Komik vollends auf die Spitze, indem er auf grandiose Weise die Perspektive wechselt (F. Kafka, Die Wahrheit über Sancho Pansa): „Sancho Pansa, der sich übrigens dessen nie gerühmt hat, gelang es im Laufe der Jahre, durch Beistellung einer Menge Ritter- und Räuberromane in den Abend- und Nachtstunden seinen Teufel, dem er später den Namen Don Quichotte gab, derart von sich abzulenken, dass dieser dann haltlos die verrücktesten Taten aufführte, die aber, mangels eines vorbestimmten Gegenstandes, der eben Sancho Pansa hätte sein sollen, niemandem schadeten. Sancho Pansa, ein freier Mann, folgte gleichmütig, vielleicht aus einem gewissen Verantwortungsgefühl, dem Don Quichotte auf seinen Zügen und hatte davon eine große und nützliche Unterhaltung bis an sein Ende."

In der Gegenwart wird die überhöhende Reflexion einer Situation hier und jetzt auch „Metaebene" genannt. Im Prinzip gab es diese Form der Reflexion schon in der Antike bei den griechischen Philosophen. In der Gegenwart aber haben die verschiedenen Formen, diese Metaebene zu erreichen, z. B. in der Gruppendynamik, eine Neuauflage gefunden. Implizite Machtverhältnisse werden explizit reflektiert, z. B. in Form von Soziogrammen. Prozesse werden analysiert und damit einer ganzen Gruppe verfügbar gemacht. Auch in Trainingssituationen werden die Prozesse zunächst im Nachhinein analysiert. Der eigentliche Sinn solcher Trainings besteht aber darin, mehr oder weniger gleichzeitig mit einem Ablauf den Sinn eines Prozesses zu reflektieren und durch Bekanntgabe der Analyse ihn für die Gruppe „hier und jetzt" verfügbar zu machen. Wenn dies in humorvoller Form geschehen kann, ist natürlich der Lern- und Aha-Effekt am größten. Ich finde daher auch immer die stärksten Interventionen darin, dass das Problem, das reflektiert wird, in der Praxis direkt auftritt.

„Herr Professor", sagt eine Dame zum Psychiater, „ich leide immer so sehr darunter, dass ich übersehen werde." „Der Nächste, bitte."

Wahrscheinlich ist der Humor ein Training dafür, eine Situation zu erleben und gleichzeitig zu reflektieren. Hier kommen dann die göttliche Geistbestimmung und das irdische Leben in eines zusammen.

Humor in den Erlösungsreligionen

Ich glaube, dass der Humor auch in den Erlösungsreligionen ein wichtiges Element der Aufklärung wurde.

Meiner Meinung nach ist den monotheistischen (Natur)Religionen Humor eher fremd. Ich verstehe unter Monotheismus auch alle hierarchischen Organisationsstrukturen, die nur *einen* Chef an der Spitze haben oder nur *ein* Ordnungsprinzip anerkennen. Ich darf hier einmal mehr auf mein Buch „Die ‚Heilige Ordnung' der Männer" verweisen. Dies hat etwas mit der Erhabenheit der Majestät zu tun, wie schon ausgeführt wurde.

Interessanterweise gibt es nur in den Monarchien einen Monotheismus, in den vielen kleinen Stadtstaaten des alten Griechenlands sind es viele Gottheiten, die miteinander streiten. Wir kennen zwei Wurzeln des Hierarchiemodells – nämlich das Griechentum, die griechische Wurzel, und die christliche, die nur zum Teil monotheistischen Charakter hat. Anders sieht es aus, wenn wir uns mit dem „Homerischen Gelächter" beschäftigen.

Bei den Griechen – z. B. in der Odyssee – wirkt der Götterhimmel wie ein Kabarett. Die Götter lachen und sind zum Lachen. Die hierarchische Ordnung stellt den Göttervater Zeus zwar an die Spitze, aber es gelingt ihm weder Ordnung zu schaffen noch selbst ein Vorbild abzugeben. Jeder und jede in diesem Götterhimmel besitzt zwar Stärken, aber genauso Schwächen, die ihnen immer wieder zum Verhängnis werden.

Odysseus hat sich hauptsächlich über die Götter lustig gemacht und ihre Schwächen genützt, um sie zu manipulieren. Es gibt hier zwei Geschichten am Beginn unserer Tradition, die für Führungsinterventionen besonders bedeutsam sind:

Die erste ist für die Aufklärung sehr wichtig. Schelling hat behauptet, diese Geschichte sei besser als das, was die Wissenschaft über die Ambivalenz der Gefühle, von Hass und Liebe sagt. Die Geschichte spielt im Olymp und ist im 8. Buch der Odyssee bei Homer nachzulesen. Aphrodite, die Göttin der Liebe (lateinisch Venus), war verheiratet mit Hephaistos (lateinisch Vulkanus), dem „hinkenden Feuerbeherrscher“ – also dem Gott der Schmiede und der Waffenhersteller. Heute würde man sagen, er war der Chef der Rüstungsindustrie. Er war hässlich, schmutzig und hinkte, seitdem ihn Zeus einmal aus dem Tempel des Olymp geworfen hatte, wobei Hephaistos sich den Fuß brach. Auch war er hauptsächlich weg von zu Hause – sozusagen als Topmanager ständig auf Reisen, bei den „rauen Barbaren in Lemnos“ usw. Aphrodite war deshalb unbefriedigt und hatte ein „Pantscherl“ (wienerisch für Affäre) mit dem feschen Ares, dem Gott des Krieges – immer schnell und flott unterwegs. Das war auch notwendig, denn kaum war Hephaistos weg, griff Aphrodite zum Telefon und fragte Ares, ob er Lust hätte. Der hatte meistens Lust und war stets hurtig da. Das ging eine Weile ganz gut, bis eines Tages Helios, der Gott der Sonne, der täglich über das Firmament wandernd alles genau von oben sehen konnte, dem Hephaistos von seinen Beobachtungen berichtete. Helios könnte man übersetzen mit „Geheimdienstchef“. Hephaistos war wütend und heckte daraufhin einen Plan aus. Als guter Techniker konstruierte er eine Falle, indem er um das Bett herum ganz feine Drähte spann, die bei bestimmten Bewegungen das Bett zusammenklappen lassen sollten, sodass die darin Liegenden gefangen wären. Dann ging Hephaistos zum Schein weg.

„Ares schlummerte nicht, der Gott mit goldenen Zügeln,
Als er hinweggehn sah den kunstberühmten Hephästos.
Eilend ging er zum Hause des klugen Feuerbeherrschers,
Sehnsuchtsvoll nach der Liebe der schöngekränzten Kythere.
Faßte der Göttin Hand und sprach mit freundlicher Stimme:

Komm, Geliebte, zu Bette, der süßen Ruhe zu pflegen!
Denn Hephästos ist nicht im Lande, sondern er wandert
Wohl nach Lemnos hin, zu der Sintier rauem Geschlechte.
Also der Gott, und ihr war sehr willkommen das Lager,
Und sie bestiegen das Bett und legten sich. Plötzlich umschlangen
Sie die künstlichen Bande des klugen Erfinders Hephästos;
Und sie vermochten kein Glied zu bewegen oder zu heben.
Da erkannten sie denn, genommen war jeglicher Ausweg.
Und schon nahte sich ihnen der hinkende Feuerbeherrscher,
Denn er kehrte zurück, bevor er Lemnos erreichte,
Da ihm Helios, fernher spähend, alles berichtet.
Eilend trat er ins Haus, mit tief bekümmerter Seele,
Stand in dem Vorsaal still, und der rasende Eifer ergriff ihn."
(Homer, Odyssee, Achter Gesang, 285-305)

Hephaistos brüllte laut los vor Zorn und Wut. Alle Götter eilten herbei, betrachteten die hilflosen Gefangenen und bedauerten Hephaistos, der diese Schmach nicht verdient hatte und dessen hässliches Aussehen die böse Tat der Ehebrecherin nicht schmälerte. Aphrodite allerdings hatte mehrere Anwärter, unter anderem waren es Hermes und Apollo, die jedoch Ares nicht ausstechen konnten. Nun stichelte Apoll und fragte Hermes, ob es ihn immer noch nach Aphrodite gelüste, wenn er sie so mit Ares gefangen sehe.

„Aber zu Hermes sprach Zeus' Sohn, der Herrscher Apollon:
Hermes, du, Zeus' Sohn und Bote, Geber des Guten,
Hättest du auch wohl Lust, von so starken Banden gefesselt,
In dem Bette zu ruhn bei der goldenen Aphrodite?
Ihm erwiderte darauf der rüstige Argosbesieger:
O, geschähe mir das, ferntreffender Herrscher Apollon!
Fesselten mich auch dreimal so viel unendliche Bande,
Und ihr Götter sähet es an und die Göttinnen alle,
Siehe, so schlief' ich doch bei der goldenen Aphrodite!
Also sprach er, da lachten laut die unsterblichen Götter."
(Homer, Odyssee, Achter Gesang, 334-343)

Das ist übrigens das bekannte „Homerische Gelächter“. Solche oder ähnliche Szenen kommen auch im Alten und im Neuen Testament vor – nur werden sie dort nicht mit Gelächter abgeschlossen! Im Olymp aber lachten die Götter.

Es ist interessant, wie die Geschichte weitergeht. Nach diesem Ereignis wurde bekannt, dass Aphrodite schwanger war. Klar war auch, dass nicht Hephaistos, sondern nur Ares als Vater in Frage kam. Die Götter traten zu einer ersten Vorstandssitzung im Olymp zusammen und berieten, was nun zu tun sei, und diese Sitzung endete mit Vertagung. Man wollte weitersehen, wenn das Kind geboren war. Es waren jedoch Zwillinge, ein Bub und ein Mädchen, die dann zur Welt kamen. Die Götter traten wieder zusammen und beschlossen nun Folgendes: Der Bub sollte Eros heißen, das Mädchen Eris. Die Kinder – so das Urteil der Götter – sollten die elterlichen Eigenschaften verkehrt herum erben. Das heißt, das Mädchen erbt die Eigenschaften des Vaters, des Gottes des Krieges, und der Knabe die Eigenschaften der Mutter, der Göttin der Liebe. Da aber von den Göttern auch bestimmt wurde, dass die Kinder nicht erwachsen werden dürfen, wird Eris für den kleinen Krieg, für den Krieg für den Hausgebrauch – also den Streit – sorgen. Eros hingegen soll den kleinen Gott der Verliebtheit abgeben. Beide Kinder wurden mit Pfeil und Bogen bewaffnet, und man wusste, dass man verliebt war, wenn Eros seinen Pfeil abgeschossen hatte, und es gab Streit, wenn Eris ihren Pfeil schleuderte.

Weiter verordneten die Götter als dritte Sanktion, dass die beiden Geschwister immer gleichzeitig auftreten müssten. Das führte dazu, dass sie gelegentlich auch die Pfeile verwechselten. So kann es passieren, dass sich bei Verliebtheit auch der Streit einstellt – oder auch, dass bei sich Streitenden eine gewisse Zuneigung mit im Spiel ist.

Das bedeutet, dass Streit und Verliebtheit, wie auch Hass und Liebe, nicht zwei ganz verschiedene Dinge sind, sondern zwei Seiten ein und derselben Medaille. Die Zwillinge, die aus der Verbindung von Aphrodite und Ares hervorgegangen waren, sind die infantilen Muster der großen Gefühle von Liebe und Hass. Eristik heißt heute die Kunst des Streitens, Erotik (weil Erostik seltsam klingt) die Kunst des Sich-Verliebens. Diese Geschichte hat Platon zur Entwicklung seiner Dialektik angeregt, deren Voraussetzung er zunächst als Aporie definiert hat: Eine Aporie liegt dann vor, wenn es zwei einander widersprechende Aussagen gibt, die beide wahr sind und beide voneinander abhängen. Dieses Modell hat nicht nur die Philosophie, sondern das Denken bis heute maßgeblich verändert.

Das ist auch eines der Hauptprobleme der Führung, wenn man es mit Widersprüchen zu tun hat. Beide Seiten haben auf ihre Weise Recht – oder meinen zumindest, Recht zu haben. Ebenso hängen beide Seiten des Widerspruchs (beide Parteien) voneinander ab. Es geht dann um einen Lernprozess, der beide Seiten zu einer Synthese führen soll.

In der Religion ist bei den Griechen dieser grundsätzliche Widerspruch enthalten, denn dieser Widerspruch gilt nicht nur für Liebe und Hass, sondern auch für Anfang und Ende, für Konflikte, für unterschiedliche Meinungen etc. Die Griechen wussten, dass das Lachen immer eine Einseitigkeit relativiert und dass es gelingen muss, die zweite Seite sichtbar zu machen. Dadurch wird die eine Seite in die Schranken gewiesen und die andere Seite kommt zum Vorschein. Darum musste z. B. bei den Griechen immer nach einer Tragödie eine Komödie oder ein Satyrspiel gespielt werden. Wer erst geweint hat, musste dann zum Lachen gebracht werden. Es wurde alles mögliche Ernste wieder so relativiert, dass auch seine lächerliche Seite gesehen werden konnte. Dies wurde zu einer Kunst entwickelt.

Humor besteht darin, dass eine einseitige Verfestigung gelockert, eine Asymmetrie behoben wird. Damit wird bereits die ernste Seite mit dazu genommen! Wenn zwei in Hass verstrickt sind, muss man fragen, ob nicht auch Liebe dabei ist – sonst wäre das Hassen ja nicht so „schön". Wenn zwei aber zu eng aneinander hängen, dann muss man die Distanz suchen, indem man z. B. kritische Seiten der Beziehung beleuchtet. Wenn zum Beispiel ein Mitarbeiter seinen Chef kritiklos „anbetet", dann muss man ihn fragen, ob er nicht auch etwas gegen seinen Chef zu sagen hat.

Immer, wo Einseitigkeiten sind, kann man auf lustige Art und Weise versuchen, die zweite Seite einzubringen. Lustig muss es deshalb sein, weil es nur so akzeptiert werden kann. Ernsthaft geht es erst später, der Humor hat hier eine Art Schuhlöffelfunktion.

Was lernt die Führungskraft daraus?

Wer darf sich nicht erlauben, nur *eine* Seite der Wahrheit zu sehen? Es sind die Menschen, die Entscheidungen treffen müssen, denn verschließen sie sich der ganzen Realität und sehen nur das, was sie sehen wollen, gehen ihre Entscheidungen an der Wirklichkeit vorbei und werden sich nicht bewähren.

Die aporetische Sicht der Dinge ist eine Sache der inneren Haltung – und eine Sache des Trainings. Erst muss mir bewusst sein, dass „meine" Wahrheit möglicherweise nur einen Teilaspekt trifft. Zweitens muss es mir zur Gewohnheit werden, und diese Haltung muss auch trainiert werden, dass ich mit Aporien umgehen kann. Das könnte z. B. für den Führungsalltag bedeuten, dass wichtige Entscheidungen immer das Ergebnis eines aporetischen Lernprozesses darstellen müssen, dass die Betroffenen „mitlernen" müssen, um die Entscheidung dann auch mitzutragen. Die Bereitschaft, seine „Wahrheit" als Aporie zu sehen, hat zur Voraussetzung, dass ich meine Position auch in Frage stelle – mit anderen Worten: sie humorvoll relativiere.

Philosophie eines christlichen Humors

In der Geschichte des Christentums gab es immer wieder Kontroversen um komische Darstellungen der Figuren der Heilsgeschichte. Sind solche Darstellungen „despektierlich" und deshalb generell zu verbieten? Wahrscheinlich müsste man dann konsequent überhaupt jede Darstellung des Göttlichen verbieten (wie das ja Judentum und Islam versuchen), oder ist nicht das Göttliche gerade im Humor auffindbar und nur durch ihn erst eine Aufhebung der Endlichkeit möglich? Vielleicht ist der Streit an dieser Stelle ganz sinnvoll und führt in tiefere Zusammenhänge.

Das Wesentliche an der Person des Jesus von Nazareth war sein Rebellentum – seine Idee der Selbstbestimmung des Menschen. Er war griechisch gebildet, hatte von Sokrates und den griechischen Philosophen die Idee der Selbstbestimmung des Menschen übernommen und hat dies „das Gewissen“ genannt: Wer entscheidet über Gut und Böse?

Bei allen drei Erlösungsreligionen – im Christentum, im Buddhismus und im Taoismus – ist diese Idee im vierten bis fünften vorchristlichen Jahrhundert aufgetreten. Jaspers nannte die Zeit, in der man sich gegen die Fremdbestimmung im Normensystem gewehrt hat, „ Achsenzeit“. Früher – auch im Alten Testament – sagte das Normensystem, was gut und böse ist. Wenn ich mich normenkonform verhalte, bin ich gut, wenn ich etwas gegen das Gesetz tue, dann bin ich böse. Für die neue Lehre aber war das zu unflexibel. Der Homo sapiens muss die jeweilige Situation unter seine kortikale Kontrolle bringen können – er muss die Situationen selbst beurteilen können und dann flexibel darauf reagieren, sonst ist keine Entwicklung möglich. Der Mensch muss so entscheiden, wie es in der Situation angemessen ist, und das heißt, der Mensch entscheidet selbst, was gut und böse ist, und diese Entscheidung wird nicht außerhalb von ihm getroffen, sonst wird oft falsch entschieden, so wie Napoleon die Schlacht verloren hat, weil sich sein General an die Befehle hielt. Hätte er nach seinem eigenen Verstand und situativ gehandelt, hätte er die Schlacht gewonnen – so zumindest die Meinung Napoleons und der Militärhistoriker hinterher.

Dies gilt nicht nur für Einzelpersonen, sondern auch für Gruppen, für Organisationen und sogar für Nationen. Der Mensch erfüllt als „Freigelassener der Schöpfung“ ein Programm, das überall, wo es zum Tragen kommt, Freude auslöst. Es ist die Freude über die Freiheit und – wie ich meine – wahrscheinlich die stärkste Kraft im menschlichen Dasein. Ich glaube, dass sie stärker ist als die Kraft der Aggression, die auch sehr stark ist.

Ich war sehr berührt, als ich im Fernsehen die Übertragung der Aufführung von Beethovens 9. Symphonie anlässlich der Wiedervereinigung Deutschlands gesehen habe. Ich war zufällig in der Nacht, in der die Mauer gefallen ist, in Berlin und werde die strahlenden, lachenden Gesichter der Menschen, die aus dem Osten in den Westen geströmt sind, nie vergessen. Sie strömten aus dem Zwang in die Freiheit.

Der Text der 9. Symphonie ist mir bekannt als „Freude schöner Götterfunken ...“. An diesem Abend wurde gesungen: „Freiheit schöner Götterfunken ...“. Der Kommentator im Fernsehen machte darauf aufmerksam, dass dies der ursprüngliche Wortlaut von Beethoven gewesen sei. Jedenfalls hängen Freiheit und Freude offenbar eng zusammen.

Man kann deshalb auch Lachen und Weinen den beiden Zuständen von Freiheit und Unfreiheit zuordnen. Ich habe schon oft, meistens via TV, Systemänderungen in verschiedenen Ländern unserer Erde mitverfolgen müssen. Immer wenn es um die Befreiung eines Volkes von Zwängen einer Diktatur oder eines anderen Volkes ging, lachten und feierten die Menschen, manchmal tagelang. Immer wenn Panzer rollten zur Unterrückung von Völkern und Aufständischen, weinten die Menschen und waren lange traurig. Die Witze kamen hinterher und richteten sich gegen die jeweiligen Unterdrücker. Ich führe diese generelle Gesetzmäßigkeit des Zusammenhangs von Freude, Lachen und Freiheit auf die Entstehung der Erlösungsreligionen zurück (Näheres dazu übrigens in meinem Buch „Was Jesus wirklich sagte", 2000). Bei diesen geht es hauptsächlich um den Gegensatz von Selbstbestimmung und Fremdbestimmung.

Dies ist auch heute noch die zentrale Frage bei Führungsinterventionen. Jede Intervention muss unter anderem auf diese Frage hinweisen, indem man etwa fragt: Finden Sie das richtig, was Sie da tun oder was Sie gemacht haben etc.? Wenn es dem Konfliktmanager gelingt, mit Humor die Differenz herauszuarbeiten zwischen dem, was die Mandanten wollen, und dem, was sie eigentlich tun, kann er einen Lernprozess starten. Viele Menschen können das nur akzeptieren, wenn es auf lustige und wohlwollende Art und Weise geschieht. Das kann man nicht ernsthaft und moralisch bringen – zumindest anfangs nicht.

Die Frage der Fremdbestimmung einer Handlung ist eine der großen Kontroversen unserer Kultur. Hier lässt sich eine klare Linie von den Schriften der Bibel bis zu den Befreiungsideen der Gegenwart erkennen:

Im Neuen Testament begeht eine Sünde, wer nicht das tut, was er selbst für gut und richtig hält. Augustinus hat das griechische Wort hamartía mit dem lateinischen Ausdruck dissimilitudo semet ipso, also „Unähnlichkeit mit sich selbst", oder auch mit alienatio, das heißt Entfremdung, übersetzt. Hegel hat das übernommen. Er übersetzt das Wort Sünde mit Entfremdung – und von dort hat es Marx. Für Marx war der Kapitalismus eine entfremdete und entfremdende Ideologie. Dort werden die Menschen gezwungen, Dinge zu tun, die sie eigentlich nicht tun wollen – etwa analog zum Sündenbegriff des Neuen Testaments. „Im Kapitalismus geben die Menschen Geld aus, das sie eigentlich nicht haben, für Dinge, die sie eigentlich nicht brauchen, um dadurch Menschen zu imponieren, die sie eigentlich nicht mögen."

Dieser geistesgeschichtliche Hintergrund ist für unsere Zusammenhänge deshalb so wichtig, weil damit diese emotional simple

Schaltung von Lachen, Freiheit, Liebe, Leben auf der einen Seite und Weinen, Zwang, Finsternis und Tod auf der anderen Seite deutlich wird. Die emotionalen Schaltungen sind ja im Vergleich zu rationalen Differenzen sehr einfach. Gut und Böse, Freunde und Feinde usw. Je weiter eine Kommunikation auf emotionale Basis zurückfällt, desto einfacher werden die Gegenüberstellungen.

Die von den Erlösungsreligionen propagierte Selbstbestimmung ist nur die eine Seite, denn die Selbstbestimmung hat ihre Grenze bei der Freiheit des anderen. Deshalb gibt es hier den Begriff der Agape, der Liebe. Liebe heißt, dass die Selbstbestimmung konsenspflichtig ist. Allerdings ist Konsens nur möglich, wenn beide Seiten, die jeweils Betroffenen, sich im Besitz ihrer Freiheit, sich im Bereich der Selbstbestimmung befinden. Konsenspflicht besteht nicht im Bereich der Fremdbestimmung, Liebe kann ja nicht angeordnet werden. Liebe in Dependenzsituationen gibt es nicht. Liebe ist ein Kind der Freiheit.

Ein Araberscheich sitzt mit seinen Haremsdamen beim Abendessen. Irgendwann beugt er sich zur ersten Frau, die neben ihm sitzt, und sagt: „Ich liebe dich, sag es den anderen durch."

Das ist so unbefriedigend, wie wenn jemand zu mir sagen würde: „Ich liebe dich", und ich würde fragen: „Warum liebst du mich?" Und dann käme die Antwort: „Ich bin Angehöriger einer Religionsgemeinschaft, die verlangt, liebe deinen Nächsten. Du bist mein Nächster, also liebe ich dich." Dies wäre keine Liebe, weil sie eine dependente Liebe ist – nicht aus eigener Entscheidung stammend.

Abhängigkeit und Liebe schließen sich nach den Erlösungsreligionen aus. Gautama Siddharta heißt als Erleuchteter Buddha. Buddha heißt wörtlich übersetzt: „der zu sich selbst Erwachte". Auch hier ist das Prinzip der Selbstbestimmung zu finden.

Von diesen Gedanken her wurde übrigens in den Erlösungsreligionen ein neuer Führungsbegriff entwickelt. So heißt es im Neuen Testament: „Wer unter euch der Erste sein will, der sei euer aller Diener." Führen ist eine Dienstleistung, die dem anderen helfen soll, reif zu werden, um selbstbestimmte Entscheidungen zu treffen. Also eigentlich auch schon eine „Führung von unten".

„Ihr wisst, dass die, die als Herrscher gelten, ihre Völker unterdrücken und die Mächtigen ihre Macht über die Menschen missbrauchen. Bei euch aber soll es nicht so sein, sondern wer bei euch groß sein will, der soll euer Diener sein."

(Markus 10,42)

Auch im Buddhismus gibt es ähnliche Gedanken:

Buddha sagte zu Ananda: „Wer da meint: Ich will über die Gemeinde herrschen, oder: Die Gemeinde soll mir untertan sein – der mag der Gemeinde seinen Willen aufzwingen. Der Vollendete aber meint nicht: Ich will über die Gemeinde herrschen."

(Buddhalegende)

Dieser „neue" (!) Führungsbegriff kommt in der Gegenwart langsam zum Tragen. Lange hat es gedauert, bis diese Gedanken wirksam wurden. Heute stehen viele Vorgesetzte vor dem Dilemma, dass sie auf der einen Seite Mitarbeiter brauchen, die selbstständig entscheiden und arbeiten, auf der anderen Seite aber auch den – von der Zentrale – ausgegebenen Befehlen gehorchen müssen. Die Frage „Wie führt man Selbstständige?" ist somit zu einer zentralen Frage unserer Gesellschaft geworden. Die Antwort lautet: Führen ist eine Dienstleistung, die den Geführten helfen soll, mit Selbstständigkeit erfolgreich zu sein.

Mittel- bis langfristig geht dies sicher nur über die teilweise Auflösung oder Ergänzung von Hierarchien durch vernetzte Gruppen von Selbstständigen. In vielen Unternehmen gibt es heute schon den Slogan vom Unternehmer im Unternehmen. Dies wird sicher noch zunehmen.

Der Führungsbegriff wird sich daher in die in diesem Buch schon mehrfach angedeutete Richtung entwickeln: als Intervention zur Steuerung kollektiver Lernprozesse. Die Argumente für die Entwicklung kommen als so genannte „Sachzwänge". So etwa aus der Notwendigkeit, Entscheidungen zu treffen, die von allen akzeptiert werden und effizient sind. Die klassischen Hierarchien sind zunehmend weniger akzeptiert und zunehmend weniger effizient.

In einem großen Unternehmen, in dem der Vorstand in der 30. Etage seine Büros hat, laufen eine Ziege und eine Schnecke um die Wette, wer als Erster oben anlangt. Als die Ziege ganz erschöpft vom schnellen Laufen im 30. Stock eintrifft, ist die Schnecke schon dort. Außer Atem fragt sie die Schnecke: „Wie hast du denn das geschafft?" „Ja", sagt die Schnecke, „meckern nützt hier nichts, kriechen und schleimen sind die Devise."

Die entfremdende und Identität zerstörende Wirkung von Über- und Unterordnungssituationen beschreibt folgende Geschichte:

Ein Personalchef eines großen Unternehmens interviewt eine Reihe von Kandidaten für eine Führungsposition. Als Letztes fragt er immer: „Wie viel ist zwei und zwei?" Bis auf einen sagen alle vier. Eingestellt wurde der, der zurückfragte: „Wie viel hätten Sie gerne?"

Über- und Unterordnungs- oder Dependenzsituationen sind im Rahmen der Erlösungsreligionen, die als Ziel haben, den Menschen zu einem glücklichen Leben zu verhelfen, natürlich ein zentrales Thema.

Am besten reflektiert man solche Situationen an den jeweiligen Grenzbegriffen. Jemand, der seine Selbstbestimmung aufgegeben hat, heißt bei Aristoteles „Sklave" und in den Erlösungsreligionen „bei lebendigem Leibe tot". Der Gegenbegriff dazu wäre Leben und Freiheit.

Für den Zustand des Todes, also der Aufgabe der Freiheit während des Lebens, wird im Christentum auch das Wort „Hölle" verwendet, für den Zustand der Freiheit und der Selbstbestimmung auch das Wort „Himmel". Wer sich glücklich fühlt, ist „wie im siebenten Himmel" oder erlebt „den Himmel auf Erden". Dagegen sind negative Umweltbedingungen mit der Metapher von z. B. „die Hölle des Krieges" oder Ähnlichem umschrieben.

Dementsprechend werden auch die agierenden Personen mit diesem Zustand in Verbindung gebracht. Wer andere fremdbestimmt und in Abhängigkeit hält, wird in der Bibel als Teufel bezeichnet. Die Abhängigen sind von einer Art Satan „besessen". Jesus von Nazareth hatte oft Gelegenheit, solche „Teufel auszutreiben" und damit den Menschen ihre angestammte Freiheit wieder zurückzugeben.

Es ist offensichtlich, dass die Beschreibung extremer Zustände relativ leicht für komische Darstellungen zu verwenden ist (Freund – Feind – Parteifreund). Die Witze über Himmel und Hölle sind daher Legion. Meist stellen sie eine Projektionsfläche für Zustände im Diesseits dar, nur eben extremiert. Ein schönes Beispiel ist der Witz, der zu Zeiten des kalten Krieges in Europa kursierte:

> Ein Mensch stirbt und kommt in die Hölle. Am Eingang erwartet ihn der Teufel und sagt: „Seit neuestem können Sie sich aussuchen, ob Sie in die östliche oder in die westliche Hölle kommen." Der Mensch überlegt eine Weile und meint, dass er lieber in die westliche Hölle möchte. Wenn schon auf Erden alles im Westen besser sei, würde es in der Hölle nicht anders sein. Er kommt also in die westliche Hölle. Dort sieht er, wie die Menschen in ein Fass mit Teer getaucht, an einen Pfahl gebunden und angezündet werden. Einer, den er fragt, erläutert ihm, dass man hier einmal einige Jahrhunderte brenne, dann könne man in die nächste Höllenstufe aufsteigen. Der Mensch kehrt daraufhin um und fragt, ob er nicht doch in die östliche Hölle wechseln könne. Der Teufel erlaubt es ihm. Er kommt also in den östlichen Teil. Dort ist ein riesiger Wirbel und alle rennen herum. Einen dieser Insassen fragt er, was hier los sei. „Ganz einfach", antwortet der: „Du wirst in ein Fass mit Teer gesteckt, an einen Pfahl gebunden und angezündet." „Ja aber," sagt der Mensch, „hier brennt ja niemand." „So ist das hier eben: Einmal haben sie keinen Teer, dann wieder kein Holz oder kein Feuer."

Aus Sicht der anderen Erlösungsreligionen hat das Christentum – jedenfalls in seiner Ausprägung durch die christlichen Kirchen – noch die Schlacken des unerlösten Monopolanspruchs an sich. Vom Grundgedanken her ist es natürlich völlig gleichgültig, wie man zur Selbstbestimmung kommt. Wenn man vorher an einen jenseitigen Gott geglaubt hat, muss dieser „Mensch werden" und sogar sterben, um die Freiheit des Menschen zu demonstrieren. Der Monopolanspruch auf die Wahrheit ist daher immer wieder Zielscheibe des Spottes:

Winnetou stirbt und kommt in den Himmel, wo ihn Petrus freudig begrüßt und erst einmal ein bisschen im Himmel herumführt. Zuerst kommen sie an ein paar singenden Arabern vorbei, die Wasserpfeife rauchen, und Winnetou wird ihnen vorgestellt. Dann kommen sie zu einer Gruppe von Indianern, die gerade das Kalumet rauchen. Auch dort gesellen sie sich dazu, dann geht es weiter zu den Buddhisten und zu den Hindus und so weiter und so fort. Ganz am Schluss im hintersten Winkel bleibt Petrus stehen und dreht sich zu Winnetou um: „Pssst, sei ganz leise, da hinten sitzen die Christen, dort geh' besser nicht hin, die glauben nämlich, sie sind hier oben die Einzigen!"

Ein Mann kommt in den Himmel. Von seiner Wolke sieht er genau in die Hölle hinunter, dort sitzen zwei lustige Herren, spielen Karten, lassen sich die tollsten Köstlichkeiten auffahren, und jeder hat außerdem eine schöne Frau neben sich sitzen. Der Mann ist erstaunt und sagt zu Petrus: „Das ist ungerecht, denen geht es viel besser als mir, ich möchte auch in die Hölle!" Petrus rät ihm ab, doch der Mann lässt sich nicht abbringen. Also besorgt ihm Petrus eine Fahrkarte nach unten. Der Mann wird, unten angekommen, sofort zum Fegefeuerschüren eingeteilt. Der Job ist eine einzige Qual, und der Mann beschwert sich beim Teufel: „Von oben habe ich da ganz andere Dinge gesehen, zwei lustige Herren mit Komfort und so!" „Ach so, ja, das stimmt, das ist unsere Werbeabteilung!"

Mit dem Gegensatz von Himmel und Hölle lassen sich überhaupt viele Witze konstruieren. Irgendeine Struktur, die man kritisch beleuchten möchte, wird durch die Steigerung ad absurdum geführt. Die Vorstellungen von Himmel und Hölle sind per se schon Extremierungen von Zuständen, die durch diese Form von Reflexion deutlich werden. Auch das Umschlagen ins Gegenteil ist immer schon in ähnlichen Metaphern reflektiert worden. So ist etwa der griechische König, der sich wünschte, dass alles, was er angreift, zu Gold wird, am Ende verhungert. Dazu folgende Geschichte über den Himmel:

Ein Mann träumte, er sei gestorben und befinde sich in einer ungeheuren Weite, wo er sich äußerst behaglich fühlte. Er ruhte eine Weile. Dann rief er: „Ist hier jemand?" „Was wünschen der Herr?" „Was

> kann ich bekommen?" „Alles, was Sie wollen." „Nun, dann bringen Sie mir etwas zu essen." „Was möchten Sie essen? Sie können alles bekommen, was Sie wollen." Man brachte ihm genau das, was er wollte, und er fuhr fort, zu essen und zu schlafen und eine herrliche Zeit zu haben. Dann bat er um Spiele, und auch Spiele bekam er. Und immer wieder erhielt er alles, worum er bat. Schließlich wurde es ihm aber doch langweilig und er rief den Diener herbei und sagte: „Ich möchte etwas tun." „Bedaure, aber das ist das Einzige, was wir Ihnen hier nicht geben können." Der Mann sagte: „Das widert mich an. Ich hab es satt. Lieber möchte ich in der Hölle sein." Da rief der Diener: „Was dachten Sie denn, wo Sie wären?"

Solche und ähnliche Geschichten, die Himmel und Hölle, Jenseits und Diesseits als Metaphern verwenden, haben sicher in Europa den Entmythologisierungsprozess vorangetrieben. Dass heute noch viele „Gläubige" ein naturalistisches Jenseits annehmen, kann ich mir nicht vorstellen.

Ich habe oben schon den Religionsbegriff Schleiermachers zitiert, dass nämlich Religion den Versuch darstellt, Einfluss auf die Autoritäten zu nehmen, von denen man abhängig ist. Mit dem Namen Gott oder Götter oder Gottheiten wurde immer diese Autorität bezeichnet, die mehr oder weniger mit eigenem Willen (als Naturgewalten oder als Über-Könige) den Menschen beeinflusst.

Mit den Erlösungsreligionen kommt erstmals nicht ein personifiziertes, sondern ein abstraktes Prinzip an die Stelle der Gottheiten. Natürlich kann dieses abstrakte Prinzip nur an bestimmten Personen abgehandelt werden. Für das Christentum ist dieses abstrakte Prinzip die Liebe. So heißt es bei Johannes:

„Geliebte, lasst uns einander lieben, denn die Liebe ist aus Gott; und jeder, der liebt, ist aus Gott geboren und erkennt Gott; wer nicht liebt, der kennt Gott nicht; denn Gott ist die Liebe. ... Gott ist die Liebe, und wer in der Liebe bleibt, bleibt in Gott und Gott bleibt in ihm."

Mit diesem Gottesbegriff hat sich das Christentum einige Jahrtausende durchgesetzt. Gott ist nicht ein Gespenst im Jenseits, sondern ein (Konsens-) Prinzip des Zusammenlebens. In der Neuzeit wurden dann andere Prinzipien oder abstrakte Realitäten in den Rang von Gottheiten erhoben, etwa Geld als Gott des Kapitalismus.

Nimmt man aber den Begriff der Liebe, den das Christentum proklamiert, dann schlage ich vor, dass man das griechische Wort „Agape" ins Deutsche nicht mit Liebe, sondern mit „Humor" übersetzt (Ich habe das ausführlich dargestellt in meinem Buch „Was Jesus wirklich sagte", S. 132 – 134). Im Übrigen weiß ich mich hier einig mit Philosophen der Gegenwart, wie etwa Rudolf Langthaler.

Die Erlösungsreligionen, auch das Christentum, so wird heute argumentiert, müssen zum Humor eine positive Beziehung haben. Im christlichen Selbstverständnis hat sich denn auch seit der Antike die Einstellung zum Lachen stark geändert. In einem Aufsatz für die Festschrift für Walter Raberger sagt Rudolf Langthaler (2004), dass Humor wohl der verlässlichste Schutzschild gegen Borniertheiten aller Art sei. Er meint dann im Folgenden, dass auch Nestroys These „die größten Gelehrten hat'n von der Wahrheit net mehr als eine Ahnung g'habt" auch „auf Theologie sowie auf manche mit ihr verbundenen Institutionen" anwendbar sei.

Langthaler geht sogar – unter der Überschrift „Analogia (rid)entis" (Seite 15) – so weit, den Humor mit der Trinität in Zusammenhang zu bringen: „Inner-trinitarisch wird es ja wohl ‚reine Liebe' sein – aber ‚ad extra', eben zur Welt? Gottes Verhältnis zur Welt, warum er sich denn – wenn er sich doch nicht als ‚absolute Idee in die Natur entlässt' – mit einer solchen Welt überhaupt eingelassen hat: nicht ‚tiefe Ironie', sondern eher eben doch ‚absoluter Humor'?"

Geld als Gott des Kapitalismus

Wenn man die oben von Schleiermacher zitierte Definition des Religiösen verallgemeinert, dann kann man sagen, dass jede Kultur jeweils ihre Gottheit hat indem irgendwas absolut gesetzt wird. Gegen diese Absolutsetzungen richten sich die Witze und Karikaturen.

In den Feudalsystemen wird als Gottheit der jeweilige Herrscher angesehen. Die römischen Kaiser haben irgendwann von sich aus sogar behauptet, sie seien Gott („Ich, Claudius Kaiser und Gott"). Im Kapitalismus wird das Geld zum neuen Gott. Witze werden daher über Geld gemacht, indem es als Maßstab für Kommunikation genommen wird.

„Wer behauptet, dass Geld uns nicht beglückt, meint das Geld eines anderen."

(Sasha Guitry)

Oft wird in einer Kultur auch noch der Zusammenhang zum früheren „Gott" hergestellt:

„Was der liebe Gott vom Geld hält, kann man an den Leuten sehen, denen er es gibt."

(Peter Bamm)

An diesem Zitat ist auch leicht das unterschiedliche Verteilungsprinzip von Feudalismus und Kapitalismus zu erkennen. In den

Feudalsystemen war der oberste Herrscher (Gottöberster) für das Wohl seiner Bürger verantwortlich, also ein „chefzentriertes" Verteilungsprinzip, im Kapitalismus ist Leistung als neues Verteilungsprinzip installiert worden. So schreibt Erich Kästner: *„Wenn man genug Geld hat, stellt sich der gute Ruf von selbst ein."*

In einer Bankfiliale steht beim Schalter für Geldanlagen:

„Hast du Geld, so setz dich nieder,
Hast du keins, so scher' dich wieder."

Die Anwendung des neuen Ordnungsprinzips wird auch auf alle Bereiche des Lebens ausgedehnt: *„Geld verdirbt nicht den Charakter, es bringt ihn zum Vorschein."*

Wenn die Mission der neuen Religion schon weit fortgeschritten ist, dann sagt etwa Samuel Butler: *„Geld ist die einzige Macht, vor der die gesamte Menschheit auf die Knie fällt."*

Im Christentum war ja als der neue Gott die Liebe angesehen worden. Von diesen „alten Göttern" müssen sich natürlich die neuen Götter distanzieren: *„Liebe vermag viel, Geld alles."*

Auch die Vorteile der alten Lehre müssen in das neue System mitgenommen werden. So sagt Dostojewski: *„Geld ist geprägte Freiheit."*

Im Lauf der Entwicklung dieser neuen Religion kann es natürlich nicht ausbleiben, dass auch die Kritik daran entsteht und die Entmythologisierung des neuen Gottes betrieben wird:

„Ein Banker zum anderen: „Mein Vater pflegte immer zu sagen, es gibt viele Wege, zu Geld zu kommen, aber nur ein einziger ist ehrlich." „Und der wäre?" „Aha, Sie kennen ihn also auch nicht."

„Unter Moral versteht man im Kapitalismus vor allem Zahlungsmoral."

Mit der Zeit werden dann auch die Schwächen des Systems sichtbar, so etwa, dass es eine wilde Schaukel von Erfolg und Misserfolg darstellt.

An der Wallstreet: „So wie Sie habe ich auch angefangen", sagt der Rolls-Royce-Fahrer zu einem Mann, der ihm die Schuhe putzt. „Heute bin ich Millionär." Lächelt der andere müde: „Millionär war ich auch schon einmal."

„Wo sind die Toiletten?", fragt ein Börsianer einen anderen. „Hier gibt es keine Toiletten mehr", sagt der Befragte, „denn hier bescheißt einer den anderen."

Aber auch der als Gegenentwurf zum Kapitalismus gedachte Sozialismus ist mit seinem neuen Gott, nämlich der kommunistischen Partei, immer wieder in Schwierigkeiten geraten. Gott ist die Partei und die Priester sind die Parteifunktionäre. Sie ordnen sich dem allmächtigen System unter und werden dadurch mächtig. Daher gibt es auch eine Menge Witze darüber:

Die USA, die Sowjetunion und die DDR wollen gemeinsam die Titanic heben. Die USA interessieren sich für den Goldschatz und den Tresor mit den Brillanten. Die Sowjetunion interessiert sich für das technische Know-how und die DDR interessiert sich für die Band, die bis zum Untergang noch fröhliche Lieder gespielt hat.

Ein Mann läuft durch die Strassen Ostberlins und ruft: „So ein Scheißstaat! So ein Scheißstaat!" Irgendwann wird er von einem Vopo gestoppt: „Genosse, Sie sind verhaftet wegen Volksverhetzung und Verbreitung feindlicher Propaganda!" „Wieso? Woher wollen Sie wissen, welchen Staat ich meine?" „So leicht kommen Sie mir nicht davon! Es gibt nämlich nur einen Scheißstaat!"

In der Endphase des realen Sozialismus hatten die Witze schon gelegentlich philosophische Dimensionen:

Was ist sozialistische Vergesslichkeit? Wenn ich mit einer leeren Einkaufstasche vor einem Kaufhaus stehe und nicht mehr weiß, war ich jetzt schon drin oder noch nicht.

In einem Moskauer Kaufhaus fragt ein Kunde: „Gibt es heute keine Wurst?" Antwort: „Keine Wurst gibt es einen Stock höher, hier gibt es keinen Käse."

Die Witze haben nur noch nostalgischen Wert. Sie zeigen aber, wie rasch Absolutsetzungen von der Geschichte abgelöst werden. Eine wichtige Funktion für die Entmythologisierung von Göttern haben die Karikaturen, die ich noch kurz im letzten Kapitel streifen möchte.

Religiöse Karikaturen

Ich vermute, dass religiöse Karikaturen ein Aufklärungsinstrument der Erlösungsreligionen sind. Man kann seit dem Erscheinen der Odyssee einen stetigen „Kulturkampf" der Aufklärung feststellen. Die Figur des Odysseus ist für mich die älteste Form des humorvollen „Sich-zu-sich-selbst"-Verhaltens.

Man kann deshalb vermuten, dass die Karikierung der griechischen Götter, wie sie in der Odyssee stattfindet, eine Voraussetzung oder zumindest eine Bahnung für die griechische Philosophie war. Von der griechischen Philosophie ging später die europäische Aufklärung aus. Auch Jesus von Nazareth hat in Tyros und Sidon die griechische Philosophie kennen gelernt und damit versucht, aus dem Judentum eine aufgeklärte Erlösungsreligion zu machen.

Dem Humor kommt dabei eine wichtige Rolle zu. Die „Abenteuer" des Odysseus bestehen im Wesentlichen darin, die Regeln, die die Götter für die Menschen aufgestellt haben, so zu manipulieren, dass sie zum Vorteil der Menschen genutzt werden können. Laut Odyssee lachen sogar die Götter über sich selbst (wie oben dargestellt). Dort aber, wo sie „ernsthaft" auf ihrer Autorität beharren, werden sie von Odysseus lächerlich gemacht (eigentlich schon damals als Modell einer modernen Führungssituation).

Ein schönes Beispiel dafür ist Polyphem:

> Odysseus landet mit seinen Gefährten auf der Insel des Riesen Polyphem. Dieser hat nur ein Auge, ist Schafhirte und Menschenfresser. Die Art, wie Odysseus mit den Kyklopen umgeht (er verweist auf die griechischen Götter und auf Zeus als Herr der Gastfreundschaft), versetzt den Riesen in Wut, und er sperrt Odysseus und die Gefährten in seine Höhle ein. Nachdem der Menschenfresser einige der Gefährten des Odysseus gefressen hatte, bekam er Wein zu trinken und versank in Schlaf.
>
> *„Also sprach er; ich bracht' ihm von neuem des funkelnden Weines.*
> *Dreimal schenkt' ich ihm voll, und dreimal leerte der Dumme.*
> *Aber sobald dem Kyklopen der Geist des Weins in den Kopf stieg,*
> *Schmeichelt' ich ihm von neuem mit glatten Worten und sagte:*
> *Meinen berühmten Namen, Kyklop: du sollst ihn erfahren.*
> *Aber vergiss mir auch nicht die Bewirtung, die du verhießest!*
> *Niemand ist mein Name; denn Niemand nennen mich alle,*
> *Meine Mutter, mein Vater und alle meine Gesellen.*
> *Also sprach ich, und drauf versetzte der grausame Wütrich:*
> *Niemand will ich zuletzt nach seinen Gesellen verzehren;*
> *Alle die andern zuvor! Dies sei die verheiß'ne Bewirtung!"*
> (9. Gesang Odyssee Vers 360 – 370.)
>
> Als der Riese dann betrunken im Schlafe lag, wird er von Odysseus mit einem Stab geblendet. Der Riese wacht auf – und auf sein Gebrüll kommen die anderen Riesen aus den umliegenden Höhlen. Auf die Frage, wer ihn denn geblendet habe, antwortet Polyphem:
>
> *„Niemand hat mich geblendet, ihr Freunde."*
>
> Darauf die anderen: *„Wenn dir niemand Gewalt angetan hat, dann flehe zu deinem Vater Poseidon, gegen Schmerzen die Zeus dir schickt ist kein anderes Mittel"*. Odysseus aber freute sich, *„dass sie mein falscher Name getäuscht und mein trefflicher Einfall"*.

Seit damals ist das aufgeklärte Thema der Religionen: Wie manipuliere ich jene Mächte, die mich manipulieren, die Macht über mich haben?

Der „listenreiche" Odysseus macht sich nicht nur über den getäuschten Kyklopen lustig, sondern auch über den Gott des Windes, über die Sirenen[1] oder die Kirke[2].

Mit Hilfe von Witz, Tricks und Täuschung schafft er eine aufklärerische Distanz zu den Göttern, die nun von ihm manipuliert werden. In diesem Sinne ist sicher Odysseus ein Vorläufer der Sophisten und auch der Philosophen, dessen Ziel es war, „aus der schwachen Rede eine stärkere zu machen".

Der eigentliche Kern der „Machtumkehr" ist hier aber das Komische, mit dem es gelingt die Autoritäten in Frage zu stellen.

Mit der Odyssee ist auch dieser Anspruch der „Führung von unten" mit Hilfe der Geistbestimmung des Menschen erstmals dokumentiert und ausgesprochen. Die Kyklopen glauben, dass sie noch besser sind als die Götter, weil sie größer und stärker sind:

„Fremdling, du bist ein Narr oder sehr von ferne gekommen!
Mir befiehlst du, die Götter zu fürchten, die Götter zu ehren!
Wir Kyklopen kümmern uns nicht um den Ägäiserschüttrer,
Noch um die seligen Götter, denn wir sind besser als jene!
Nimmer verschon' ich euer aus Furcht vor der Rache Kronions,
Dein und deiner Gesellen, wofern es mich selbst nicht gelüstet!"

Dieser physischen Kraft setzt Odysseus aber seinen aufklärerischen Verstand entgegen und gewinnt gegen die überirdischen Mächte. In der Folge steigt er in die Unterwelt ab, schläft mit Halbgöttinnen und macht sich mit der Zeit fast alle zu Feinden:

---

1 In der griechischen Mythologie Meeresjungfrauen mit Vogelleib, die durch Gesang die Schiffer anlockten und töteten.

2 Auch Circe, in der griechischen Mythologie eine Zauberin, die die Gefährten des Odysseus in Schweine verwandelt, von ihm aber gezwungen wird, sie wieder zu entzaubern.

„Hebe dich eilig hinweg von der Insel, du Ärgster der Menschen!
Denn mir ist nicht erlaubt, dass ich herberg' oder geleite.
Einen Mann, der selbst von den seligen Göttern gehasst wird!
Hebe dich weg, du kommst mit dem Zorne der Götter beladen!"
(V 72-75, 10. Gesang)

Möglicherweise ist hier schon der Grundstein gelegt für die Angst der Autoritäten vor dem entmythologisierenden Witz, der natürlich auch anarchische Züge trägt.

Odysseus aber führt mit Witz und Geist aus der Situation der Unterlegenheit. Ich halte es für möglich, dass dieses Epos, das ja im griechischen Sprachraum – und nicht nur dort – große Verbreitung gefunden hat, zusammen mit der liberalen politischen Situation zur Zeit des Perikles den Anstoß für die griechische Philosophie gegeben hat. Auch das Christentum geht ja auf Elemente der griechischen Philosophie zurück, denn die in Jesus von Nazareth geglaubte Einheit von Gott und Mensch könnte man auch als Fortsetzung jener heroischen Anfänge betrachten, in denen der Mensch sich selbst als Geistwesen reflektiert. So gesehen ist die oben zitierte „Analogia (rid)entis" von Rudolf Langthaler wahrscheinlich die präziseste Bestimmung der kulturgeschichtlichen Bedeutung des Humors. Die Göttlichkeit des Menschen wird in einer höchsten Form durch den Humor gewährleistet, der sich nicht nur kritisch, sondern auch zuwendend mit der Realität der Endlichkeit auseinandersetzt.

Eine Voraussetzung für diese Möglichkeit der „Erleuchtung durch Witz" ist die vorangehende Karikierung absoluter Ansprüche oder absoluter Realität. Insbesondere ein jenseitiger, allmächtiger, allwissender, unabhängig vom Menschen gedachter Gott, von dessen Existenz eine Art Bodenpersonal absolute Machtansprüche ableiten kann, wird durch eine Karikatur entzaubert. Dies ist insbesondere dann notwendig, wenn mit Hilfe dieses jenseitigen Gottes Manipulationen von Menschen hier auf Erden stattfinden, z. B. Selbstmordattentate über den Tod hinaus auf ein absolutes Jenseits eingesetzt werden.

Gegen diesen Missbrauch wenden sich die Karikaturen – meines Erachtens zu Recht. Die Destruktion einer Absolutsetzung zum Zwecke der Befreiung der Menschen auch von ideologischen Zwängen gehört in die abendländische – und, wie sich gleich weiter zeigen wird, nicht nur in diese – Tradition.

Daher noch einmal die Frage: Darf man sich über religiöse Gefühle lustig machen? Ein religiöses Gefühl, das etwa in Christus Gott und Mensch in einer Person sieht, wird sich durch eine Karikatur nicht gefährdet fühlen – auch dann übrigens nicht, wenn hier ein menschlicher Aspekt ungebührlich übertrieben wird.

Gefährdet können sich nur die fühlen, die die menschliche Seite leugnen und fürchten, dass die menschliche Seite die Göttlichkeit zunichtemachen könnte. Dieser Glaube heißt im Christentum Monophysitismus, also „Ein-Naturen-Glaube", und wurde im Konzil zu Chalcedon zur Häresie erklärt. In diesem „Irrglauben" ist Gott nicht auch Mensch, sondern „nur Gott". Gott tritt daher auch mit absolutem Anspruch auf.

Es stehen sich auf der einen Seite eine unheilige, irdische Welt mit unheiligen Menschen, auf der anderen Seite ein heiliger jenseitiger Gott, der durch irdische Zumutungen (z. B. durch Karikaturen) in Frage gestellt wird, gegenüber. In den Erlösungsreligionen existiert diese Differenz nicht, hier ist Göttliches und Menschliches eine Einheit. Lachen über einen Aspekt dieser Einheit kann diese nicht gefährden, sondern nur bestärken, denn selbst die Überbetonung eines Aspekts macht damit gleichzeitig auf die andere Seite aufmerksam.

Dabei wird die Freude – oder vielleicht auch der Schock – über eine Karikatur umso größer sein, je autoritärer absolute Strukturen sind, die damit getroffen werden. Ein Kampf gegen eine solche Karikatur ist im Christentum ja fast schon ein Eingeständnis einer „monophytischen Einseitigkeit". Eine sehr schöne Konkretisierung der Langthalerschen „Analogia ridentis" ist m. E. nach etwa das Buch von Haderer, in dem das Leben Jesu karikaturistisch bearbeitet wird.

Haderer zeigt hier ganz im Sinne der Aufklärung eine Darstellung, wie man sich das „Wandeln Jesu über den See Genezareth" oder Ähnliches vorstellen könnte.

So „beleidigt" wie vielleicht mancher wundergläubige Christ über diese Karikaturen könnte sich auch mancher Politiker fühlen, wenn er sich als Karikatur in einer Tageszeitung wiederfindet. Wenn sich beispielsweise ein Finanzminister als Geizhals Dagobert Duck dargestellt sieht, wird ihn das möglicherweise nicht so treffen, weil das im Rahmen seines Amtes einer Klischeevorstellung entspricht. Es wird ihn aber eher treffen, wenn er z. B. als Karikatur eines lächerlichen Don Juan erscheint. Das heißt, Karikaturen von Persönlichkeiten sind umso komischer, je stärker sie einem Klischee, einem Image widersprechen. Oder sie „beleidigen" erst recht, wenn die Vorstellung, die man von dieser Person hat, als Klischee entlarvt wird. Für alle, die sich Jesus nur als übernatürliches Wesen, mit Wunderkraft ausgestattet und immer nur Erhabenes verkündend, vorstellen, für die ist Haderers „Leben Jesu" oder auch Monty Pythons „Leben des Brian" pure Häresie.

Was den Islam betrifft, wäre hier die Frage zu stellen, ob er zu den Erlösungsreligionen gerechnet werden muss oder ob er nur eine christliche monophysitische Häresie darstellt.

Manche Vertreter des Islam tun so, als ob sie die absolute Wahrheit (im Namen Allahs) gepachtet hätten. Diese Ideologen sind sicher Kandidaten für einen Kulturkampf. Ich glaube allerdings, dass dieser Kulturkampf zunächst innerhalb des Islam stattfinden wird – und muss.

Auch im Christentum hat dieser Kampf schon stattgefunden – und findet zum Teil immer noch statt – etwa wenn die päpstliche Wunderkommission immer noch die voraufklärerische (und eigentlich heidnische) Position vertreten sollte, dass Wunder naturwissenschaftlich nicht erklärbare Eingriffe Gottes in das Naturgeschehen darstellen.

Natürlich sind Berichte über Wunder am besten zu karikieren, wenn in ihnen ein direktes Eingreifen Gottes aus dem Jenseits in die Natur vermutet wird.

Die Wunder des Neuen Testaments genügen dieser Definition übrigens nicht. Sie reihen sich nahtlos in die christliche Definition der Erlösung, nämlich als Freiheitslehre, ein. Jesus macht Lahme gehend, Taube hörend, Blinde sehend usw. „Blind" ist im übertragenem Sinn gemeint, also als „blind" etwa eine bestimmte Sachlage wahrzunehmen. So sagt er etwa zu den Pharisäern: „Ihr seid sehend und doch blind." Wunder sind (göttliche) Hilfen für den Menschen, seine Freiheit wieder zu erhalten oder allenfalls zu vergrößern. Die „Göttlichkeit" des Menschen ist daher seine nicht auf Materielles reduzierte Geistleistung.

Zeitgebundene Konkretisierungen von Phantasien über religiöse Berichte gab es schon im Neuen Testament und erst recht im Alten Testament. Deswegen ist das Prinzip der Juden, sich von Gott kein Bild zu machen, sicher ein gutes Prinzip, um einer Verwechslung Gottes (der in jedem Menschen erscheinen kann) mit einem bestimmten Individuum vorzubeugen.

Viele Witze und Anekdoten „werben" um das rechte Verständnis eines Glaubens, um die Einbeziehung des Hier und Jetzt in die göttliche Vorsehung:

> Ein österreichischer Bischof verirrt sich in einem Sumpf und droht zu versinken. Da kommt die Feuerwehr vorbei und fragt: „Sollen wir Sie hier herausholen?" Der Bischof sagt: „Nein danke, Gott wird mich retten". Als das Wasser weiter steigt und dem Bischof bis zum Hals steht, kommt die Feuerwehr wieder vorbei. Wieder Ablehnung im Vertrauen auf Gott. Nach dem dritten abgelehnten Angebot ertrinkt der Bischof. Als er im Himmel ankommt, sagt er vorwurfsvoll zu Petrus: „Wieso habt ihr mich ertrinken lassen?" Sagt Petrus: „Wieso? Wir haben dir dreimal die Feuerwehr geschickt."

Die brisante Frage dahinter ist wohl die: Wirkt Gott als übernatürlicher Zauberer in die Welt ein oder ist Gottes Wirken nicht identisch mit dem Wirken des Menschen oder auch der Natur? In den

Erlösungsreligionen wird Erlösung oder Erleuchtung als der normale Weg der Selbstbestimmung des Menschen ganz ohne „übernatürliche“ Kräfte angesehen. In den Naturreligionen werden übernatürliche Mächte und Kräfte angenommen, die das Leben der Menschen bestimmen.

Anfällig für „übernatürliche Vermutungen“ sind nicht nur Christen. Wie die folgenden Karikaturen zeigen, müssen auch Taoisten und Buddhisten durch Karikaturen gelegentlich wieder auf den Boden der Realität geholt werden. Erlösungen oder Erleuchtungen sind nicht eine Verzauberung der Welt auf übernatürliche Weise, sondern Versuche der Verwandlung des Menschen in einen glücklichen Zustand über die Freiheit. Auch die Aufnahme der Wirklichkeit in den Geist beseitigt nicht die Subjekt-Objekt-Differenz.

Neben diesen pädagogischen Karikaturen, die als Nachhilfe für das Verständnis der erlösten (erleuchteten) Menschen gesehen werden können, gibt es auch „Kampfkarikaturen“. Dies sind solche, die eine Religion oder bestimmte Elemente einer Religion karikieren und dadurch kritisieren oder bekämpfen. Hier wird eine – vermeintliche, nämlich aus Sicht des Karikaturisten – Schwäche eines Glaubens aufs Korn genommen. Aus der Sicht eines Weltbildes sind größere oder kleinere Teile eines anderen Weltbildes als verrückt, närrisch abzulehnen. Grundsätzlich gibt es dieses Problem beim Auftreten neuer Weltbilder oder wenn unterschiedliche Weltbilder miteinander konfrontiert werden. So wurde im Römischen Reich das junge Christentum als unsinnig verlacht, weil es einen Gott anbetete, der am Kreuz gestorben ist – eine Vorstellung, die aus Sicht der Römer nicht mit dem Begriff „Gott“ in Zusammenhang gebracht werden konnte.

Paulus, der diese Lehre auch vor Philosophen (z. B. am Areopag in Athen) verteidigen musste, wurde öfter ausgelacht (als Paulus auf die Auferstehung zu sprechen kam, lachten sie ihn aus und sagten, dass sie ihn darüber ein anderes Mal hören wollen). Paulus bezeichnete sich deshalb gleich prophylaktisch auch als „Narr in Christo“ (1. Kor. 4.10).

Ich bin überzeugt, dass die wichtigsten Errungenschaften der Gegenwart – Menschenrechte, Wissenschaft, Demokratie – auf dem Christentum beruhen. Menschenrechte: Jeder, der Menschenantlitz trägt, ist Einheit von Gott und Mensch und kann nicht als Mittel missbraucht werden. Wissenschaft: Nur das gilt als wahr, was jeder selbst auch überprüfen und nachvollziehen kann. Demokratie: Jeder muss bei den wichtigen Entscheidungen mitreden können. Aufklärung in der Form des Humors ist dabei ein wichtiges Element des europäischen Selbstverständnisses.

Eine der wichtigsten Funktionen der Aufklärung ist die Weiterentwicklung von Strukturen und damit verbunden natürlich des Weltbildes. So ist z. B. das Uno-Menschenrechtstribunal in Den Haag eine solche Einrichtung, die es möglich macht, Führerpersönlichkeiten für ihre Taten zur Verantwortung zu ziehen – was früher nicht möglich war. Es gibt die verschiedensten Kontrollorgane und -institutionen, die Macht- oder Amtsmissbrauch zu verhindern suchen, denn Amts- oder Machtmissbrauch ist nur so lange möglich, als niemand die Amtsautorität angreifen darf oder kann. Den entsprechenden organisatorischen Rahmen dafür zur Verfügung zu stellen, bedeutet in der Politik Demokratie, bei seinem Fehlen Tyrannei, im religiösen Bereich führt unangefochtener Dogmatismus zum Fundamentalismus.

Dieses europäische Grundprinzip sehe ich heute auch in anderen Kulturen, z. B. in asiatischen, verwirklicht. In China legte man beim Humor Wert darauf, den Kontakt zur Tradition nicht zu verlieren. So werden Parteifunktionäre etwa als Schattenboxer dargestellt.

Schattenboxen

Der verantwortliche Kader wehrt wie bei einer Schattenboxübung nach beiden Seiten ab. Zu ***Problemen*** und ***Plänen*** meint er: „Wende dich an Sekretär Li.“ Auf ***Fragen*** und zur ***Arbeit*** erwidert er: „Wende dich an Sekretär Zhang“

Das „Schattenboxen“ genannte Taiji ist eine chinesische Gymnastik

Aber auch der Ersatz des Buddha durch Funktionäre zeigt die Entwicklung zur neuen Religion:

Neuer „Schlafender Buddha“

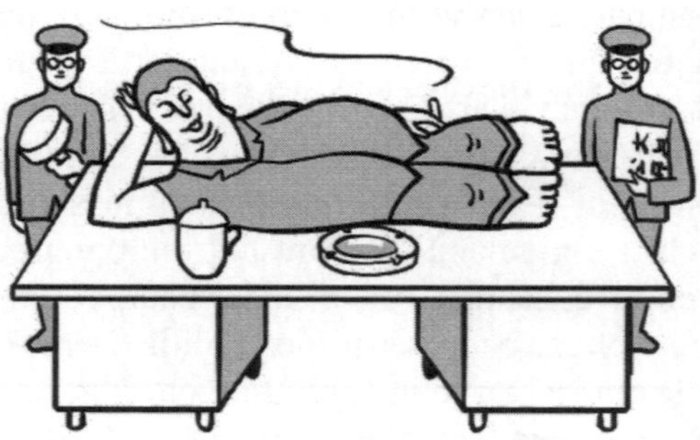

Links: Stempel-Träger. Rechts: Adjutant mit Akte zur Genehmigung und weiteren Anweisungen.
Anspielung auf die berühmte Statue des schlafenden Buddha in der Tempelanlage der Duftberge westlich von Peking

Das Hauptproblem der neuen Religion im kommunistischen China war aber die Unterdrückung des Individuums. Wie schminkt sich eine Parteisekretärin?

Puder auftragen oder: Einen kleinen Fehler beseitigen

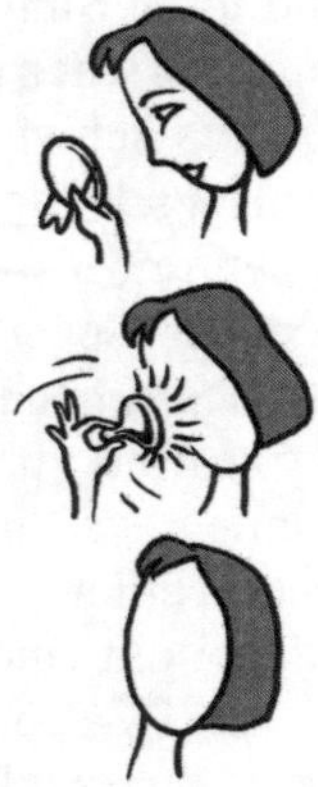

Natürlich müssen auch die „alten“ Prinzipien der Kultur verjüngt oder durch neue ersetzt werden. So galt in China lange Zeit der Vorrang des Alters. In der kommunistischen Partei waren deshalb auch viele Funktionäre sehr alt. Als das Zentralkomitee eine Verordnung erließ, dass in den Parteigremien das Durchschnittsalter sinken müsse, reagierten viele wie folgt:

Das Durchschnittsalter ist verringert

Auf dem Tuch: *Leitungsgremium*. Durch die Aufnahme eines Säuglings ist der Forderung des KPCH-Zentralkommitees Genüge getan, das sehr hohe Durchschnittsalter der Führungsorgane zu verjüngen, die Entscheidungen liegen also nach wie vor bei den Alten.

Eine Weiterentwicklung bedingt immer, dass Aussagen vergangener Zeiten im neuen Weltbild ihren Sinn verändern. Daher müssen z. B. „Heilige Schriften“ immer wieder neu interpretiert und „ausgelegt“ werden. Ganz besonders schwierig sind dabei jene Teile, in denen konkrete Verhaltensregeln angeboten werden. Sie mit absoluter Autorität zu versehen und womöglich Sanktionen gegen diejenigen zu ergreifen, die in der Gegenwart – unter anderen Umständen als die damals Lebenden – gegen diese Regeln verstoßen, muss den aufklärerischen Protest hervorrufen. Zum Abschluss ein Beispiel aus dem Alten Testament, das aus heutiger Sicht bestimmt nicht so wörtlich genommen werden darf, wie es seinerzeit gemeint war. Es handelt sich dabei um einen im Internet verbreiteten Brief eines US-Bürgers an eine TV-Moderatorin. Der Text richtet sich „aufklärerisch-humorvoll“ gegen alle jene Fundamentalisten, die ein wörtliches Festhalten an einem „heiligen Text“ auch heute noch für richtig halten.

> Liebe Dr. Laura!
>
> Vielen Dank, dass Sie sich so aufopfernd bemühen, den Menschen die Gesetze Gottes näher zu bringen. Ich habe einiges durch Ihre Sendung gelernt und versuche das Wissen mit so vielen anderen wie nur möglich zu teilen. Wenn etwa jemand versucht seinen homosexuellen Lebenswandel zu verteidigen, erinnere ich ihn einfach an das Buch Mose 3, Leviticus 18:22, wo klargestellt wird, dass es sich dabei um ein Greuel handelt. Ende der Debatte.
>
> Ich benötige allerdings ein paar Ratschläge von Ihnen im Hinblick auf einige der speziellen Gesetze und wie sie zu befolgen sind.
>
> a) Wenn ich am Altar einen Stier als Brandopfer darbiete, weiß ich, dass dies für den Herrn einen lieblichen Geruch erzeugt (Lev. 1:9). Das Problem sind meine Nachbarn. Sie behaupten, der Geruch sei nicht lieblich für sie. Soll ich sie niederstrecken?
>
> b) Ich würde gerne meine Tochter in die Sklaverei verkaufen, wie es in Exodus 21:7 erlaubt wird. Was wäre Ihrer Meinung nach heutzutage ein angemessener Preis für sie?
>
> c) Ich weiß, dass ich mit keiner Frau in Kontakt treten darf, wenn sie sich im Zustand ihrer menstrualen Unreinheit befindet (Lev. 15: 19 –

24). Das Problem ist, wie kann ich das wissen? Ich habe versucht zu fragen, aber die meisten Frauen reagieren darauf pikiert.

d) Lev. 25:44 stellt fest, dass ich Sklaven besitzen darf, sowohl männliche als auch weibliche, wenn ich sie von benachbarten Nationen erwerbe. Einer meiner Freunde meint, dass würde auf Mexikaner zutreffen, aber nicht auf Kanadier. Können Sie das klären? Warum darf ich keine Kanadier besitzen?

e) Ich habe einen Nachbarn, der stets am Samstag arbeitet. Exodus 35:2 stellt deutlich fest, dass er getötet werden muss. Allerdings: Bin ich moralisch verpflichtet ihn eigenhändig zu töten?

f) Ein Freund von mir meint, obwohl das Essen von Schalentieren, wie Muscheln oder Hummer, ein Greuel darstellt (Lev. 11:10), sei es ein geringeres Greuel als Homosexualität. Ich stimme dem nicht zu. Könnten Sie das klarstellen?

g) In Lev. 21:20 wird dargelegt, dass ich mich dem Altar Gottes nicht nähern darf, wenn meine Augen von einer Krankheit befallen sind. Ich muss zugeben, dass ich Lesebrillen trage. Muss meine Sehkraft perfekt sein oder gibt's hier ein wenig Spielraum?

h) Die meisten meiner männlichen Freunde lassen sich ihre Haupt- und Barthaare schneiden, inklusive der Haare ihrer Schläfen, obwohl das eindeutig durch Lev. 19:27 verboten wird. Wie sollen sie sterben?

i) Ich weiß aus Lev. 11:16-8, dass das Berühren der Haut eines toten Schweines mich unrein macht. Darf ich aber dennoch Fußball spielen, wenn ich dabei Handschuhe anziehe?

j) Mein Onkel hat einen Bauernhof. Er verstößt gegen Lev. 19:19, weil er zwei verschiedene Saaten auf ein und demselben Feld anpflanzt. Darüber hinaus trägt seine Frau Kleider, die aus zwei verschiedenen Stoffen gemacht sind (Baumwolle/Polyester). Er flucht und lästert außerdem recht oft. Ist es wirklich notwendig, dass wir den ganzen Aufwand betreiben, das komplette Dorf zusammenzuholen, um sie zu steinigen (Lev. 24:10-16)? Genügt es nicht, wenn wir sie in einer kleinen, familiären Zeremonie verbrennen, wie man es ja auch mit Leuten macht, die mit ihren Schwiegermüttern schlafen? (Lev. 20:14.)

> Ich weiß, dass Sie sich mit diesen Dingen ausführlich beschäftigt haben, daher bin ich auch zuversichtlich, dass Sie uns behilflich sein können. Und vielen Dank nochmals dafür, dass Sie uns daran erinnern, dass Gottes Wort ewig und unabänderlich ist.
>
> Ihr ergebener Jünger und bewundernder Fan
>
> Jake

Noch eine neue Gottheit: das Internet

Ein Vor- und Nachteil der Globalisierung ist sicher der, dass die neuen Gottheiten weltweit auftreten. So dürfte eine neue Gottheit der Wissensgesellschaft die Information sein. Der Tempel der neuen Gottheit ist das Internet. Schon im 18. Jahrhundert hatte der Mathematiker und Philosoph Laplace die Phantasie, dass es einmal einen Weltgeist geben könnte, der über alle Informationen verfügt, die es überhaupt gibt. Ein solches Informationssystem wäre dann ein neuer Gott und – weil allwissend – auch allmächtig.

Die Ablösung vom alten System wird in dieser Karikatur sichtbar:

"WEISST DU, WELCHEN CODE ICH GERADE GEKNACKT HABE?!"

Ein persönliches Nachwort

Teile dieses Buches habe ich schon als Student geschrieben und 1961 unter dem Titel „Humor und Liebe“ als Doktorarbeit an der Universität Wien eingereicht. Ich wurde sozusagen „humoris et amoris causae“ Doktor der Philosophie. Damals wunderten sich alle (Professoren, Kollegen, Studenten etc.) – außer meinem Doktorvater –, dass man „über so ein Thema“ promovieren konnte. Sogar der Pedell in der Universitätsdirektion, der meine Personalien für die Promotion aufnahm, glaubte an einen Scherz, als er das Thema hörte, und fragte erst am philosophischen Institut an, ob dies wahr sein könne. Es war wahr und wurde seit damals wahrer und wahrer! Heute ist das Thema fast schon „in“.

Mich hat als Organisationsberater Humor stets begleitet und er stellt einen – ich denke großen – Teil meines Erfolges dar. Wenn etwas ernst genommen werden soll, muss man es lustig bringen, zumindest mit einem zwinkernden Auge. Wer ernst genommen werden will, muss auch über sich selbst lachen können. Gerade bei Konfliktinterventionen (einer meiner Schwerpunkte) macht die Entschärfung einer Krise durch Lachen oft erst den Weg für eine Lösung frei. Speziell in Gruppen ist die Steuerung des Gruppenprozesses über den Humor ein – wenn nicht das – Erfolgsrezept.

Nachdem Erich Heintel, mein damaliger Doktorvater, als letzter meiner „Väter“ im Jahr 2000 verstorben ist, habe ich mich entschlossen, meine Dissertation zu veröffentlichen und meinen Vätern zu widmen. Ich sehe heute deutlicher als damals, welche Einflusslinien von jedem gekommen sind.

Mein Onkel Theodor Germer, der mir mit meiner Tante nach dem Tod meiner Eltern ein Zuhause geboten hat, war Kabarettist. Er testete seine witzigen Einfälle gerne an uns Kindern. Er achtete genau darauf, wie lange es dauerte, bis wir das Wortspiel oder die Parodie mit Lachen quittierten.

Propst Arnold Dolezal begleitete mich die kurze Zeit meiner Tätigkeit in der katholischen Jugendbewegung. Er lehrte mich, wie Absolutes zu relativieren sei. Bei Erich Heintel, Univ.Prof für Philosophie an der Universität Wien, studierte ich dann die Philosophie.

Bei der Durchsicht meiner Dissertation war mir klar, dass ich einiges umarbeiten und ergänzen musste. 45 Jahre sind eine lange Zeit. Dennoch – die wesentlichen Grundgedanken sind „im Rückblick" noch genauso wahr und brauchbar wie in der Voraussicht.

Was mir sehr geholfen hat und vielleicht auch anderen helfen könnte, ist die Kategorienlehre der verschiedenen Formen des Komischen: also Witz, Ironie, Sarkasmus, Parodie, Hohn, Spott, Zynismus und eben Humor. Welche Form des Komischen eignet sich wofür? Nicht für alles und immer ist Humor zuständig (so wie nicht für alle Konflikte eine Konsenslösung gefunden werden kann), manchmal kommt man mit Sarkasmus besser weiter oder aber sogar – mit dem meist verkannten – Zynismus. Hier ist für mich Diogenes von Sinope eine Leitfigur geworden, ähnlich wie Odysseus oder Jesus von Nazareth in anderen Bereichen meines Lebens. Die zentralen Einsichten in Sachen Humor habe ich aber nach wie vor Cervantes' Don Quichotte und – wie könnte es bei einem Wiener anders sein – Johann Nestroy zu verdanken.

Nestroy war für mich deshalb ein Vorbild, weil ich nach etwa zehnjähriger Assistententätigkeit aus dem Dienst der Universität ausschied und seit 1970 als freiberuflicher „Privatdozent" für Philosophie und Gruppendynamik meinen Unterhalt verdiene. Dabei musste ich die Philosophie anwendbar und verständlich machen. Meine Seminare werden von den Teilnehmern bewertet, während an der Universität die Studenten von mir bewertet werden. Dass ich mich immer noch in beiden Welten zurechtfinde, verdanke ich unter anderem Nestroy. Er hat eine Gabe, die schwierigsten philosophischen Probleme in einer Pointe so zusammenzufassen, dass es jeder versteht.

„Der Ernst hat eine feierliche Seite, eine schauerliche Seite, eine großartige Seite, überhaupt viele Seiten, aber ein elektrisches Fleckerl hat er immer und da fahren bei gehöriger Reibung die Funken der Heiterkeit heraus."

Aus diesem Zitat habe ich auch gelernt, wie problematisch und vor allem „unpraktisch" die Aufteilung der Wissenschaft ist. Denn ein Konflikt z. B. hat eine philosophische Seite, eine psychologische Seite, eine soziologische Seite, eine pädagogische Seite, eine historische Seite etc. – natürlich auch eine komische. Für die Analyse und Lösung braucht man allerdings alle Seiten – und je nach Problemlage kann man dann auch Schwerpunkte setzen.

Gerade die Relativierung „absoluter" Positionen – wie sie der Humor möglich macht – hat mir bei der Entwicklung der „mehrdimensionalen Ursachenforschung" sehr geholfen, denn die „abstrakten" Modelle der verschiedenen Wissenschaften werden von ihren Vertretern – per Identifikation – oft absolut gesetzt. Deshalb ist es so schwierig, die einzelnen Wissenschaften miteinander ins Gespräch zu bringen. Die Soziologen reden nicht mit den Psychologen, die Pädagogen nicht mit den Historikern, alle zusammen nicht mit den Philosophen oder den Naturwissenschaftlern. Mir ist es bei Projekten gelungen, die Wissenschaftler miteinander ins Gespräch zu bringen. Später erkannte ich, dass auch in Unternehmen ähnliche Barrieren existieren. Die Techniker reden nicht mit den Kaufleuten, Investmentbanker nicht mit Retail-Bankern usw.

Die Relativierung von Absolutsetzung, wie sie die verschiedenen Formen des Komischen ermöglichen, hat mir hier oft geholfen, den ersten Schritt für eine Gesprächsbasis zu tun. Die Sichtweise der Relativierung von Absolutsetzungen war für mich die Brücke für das Verständnis von Religion. Der in allen Erlösungsreligionen zentrale Begriff der Agape, meiner Meinung nach völlig falsch mit „Nächstenliebe" übertragen, wird von mir mit dem Wort „Humor" übersetzt. Denn nur im Humor kommen Endlichkeit (des Leibes) und Geistbestimmung des Menschen so zueinander, dass sie miteinander und mit anderen konsensfähig sind.

In meiner Dissertation habe ich diesen Grundgedanken schon bis in die Offenbarungstexte hinein verfolgt. Etwa zehn Jahre später (1969) habe ich dann von dieser Position aus – und meinen damaligen Kenntnissen der Gruppendynamik folgend – die erste Auflage meines Buches über Jesus von Nazareth geschrieben („Was Jesus wirklich sagte", 2. Auflage 2001, Va bene-Verlag).

Gleichzeitig habe ich auch verstanden, dass die Modelle der Naturwissenschaft eben nur Denkmodelle sind und nicht „absolute Wahrheit", wie der mathematische Formalismus suggeriert. Dies habe ich in meiner ersten Habilitationsschrift für das Fach Philosophie „Raum und Zeit als naturphilosophisches Problem" (2. Auflage, WUV Universitätsverlag Wien, 1992) dargelegt.

Wieder etwa zehn Jahre später (1979) verfasste ich meine zweite Habilitation für das Fach Gruppendynamik in Klagenfurt. Das Buch ist unter dem Titel „Die ‚Heilige Ordnung' der Männer" 1985 im Westdeutschen Verlag erschienen (4. Auflage 2005). Wieder zehn Jahre später konnte ich diese Erkenntnisse für das Konfliktmanagement spezifizieren (Konfliktmanagement, Gabler Verlag 1990, 7. Auflage 2005).

Die Grundlage aller dieser Entwicklungen stellt aber meine Doktorarbeit dar. Ich habe danach die religiösen Hintergründe des Lachens in einigen Aspekten genau verfolgt. Im Laufe der Zeit, also in den siebziger und achtziger Jahren schienen diese Zusammenhänge immer weniger wichtig. In den letzten Jahren (insbesondere seit 9/11) tritt plötzlich wieder der religiöse Zusammenhang von Motiven und Handlungen in den Vordergrund. In der allerletzten Zeit vor der Endredaktion dieses Buches wurde sogar das Thema Humor und Religion – im Zusammenhang mit religiösen Karikaturen – weltweit diskutiert. Ich habe daher – sozusagen aus gegebenem Anlass – das Kapitel über den Ausflug in die Religion noch etwas erweitert. Dem aufklärerischen, weil reflexiven Charakter des Komischen dürfte hier eine Schlüsselrolle in der Auseinandersetzung zwischen den Kulturen, aber auch innerhalb einer Kultur zukommen.

Diesen philosophisch-religiösen Teil habe ich an das Ende dieses Buches gesetzt, da er möglicherweise nicht für alle Leser gleich interessant ist. Meines Erachtens ist ein wesentliches Element der abendländischen Kultur hier unterbelichtet. Die Erlösungsreligionen haben es alle mit dem Lachen: Buddhisten sehen im Lachen die eigentliche Frömmigkeit, die Taoisten (man denke etwa an Dschuang Dsi) sehen im Lachen das wichtigste Element der Weiterentwicklung, und im Christentum ist zumindest vom Start weg und vor allem mit der griechischen Wurzel das Lachen die eigentliche Repräsentation des Göttlichen im Menschen.

Vielleicht ist es für manche Führungs- und Beratungsinterventionen hilfreich, sich dieses Hintergrundes bewusst zu sein.

Wien, im Januar 2007 Gerhard Schwarz

Literaturverzeichnis

ALDINGER, MARCO: Bewusstseins-ErHeiterung, 2. Auflage, Verlag Marco Aldinger, Freiburg 1992

ANDERS, PETER E., (HRSG.): Betriebswirtschaftslehre humoris causa, 2. Auflage, Gabler, Wiesbaden 1992

ARISTOTELES: Metaphysik, übers. von Paul Gahlke; Paderborn 1956

ARISTOTELES: Über die Seele, übers. von Paul Gahlke; Paderborn 1956

AUGUSTINUS: Confessiones, übers. von Josef Bernhard; Fischer Bücherei 103, Frankfurt am Main 1956

AUGUSTINUS: De libro arbitrio, Der Freie Wille, übertragen von C. J. Perl, Paderborn 1954

BENGERSHOM, EZRA: Der Esel des Propheten, Eine Kulturgeschichte des jüdischen Humors. Wissenschaftliche Buchgesellschaft, Darmstadt 2000

BERGER, PETER L.: Erlösendes Lachen. Das Komische in der menschlichen Erfahrung, Walter de Gruyter, Berlin, New York 1998

BERGSON, HENRI: Le rire, Paris 1900, deutsch : Das Lachen, Verlag Eugen Diederichs, Jena 1914

BIRKENBIHL, VERA: Humor: An Ihrem Lachen soll man Sie erkennen, mvg, Landsberg am Lech 2001

BÖHMER, OTTO A.: Als Schopenhauer ins Rutschen kam, Kleine Geschichten von großen Denkern, Beck´sche Reihe, 4. Auflage 1996

BRESSLER ERIC R.: „Production and appreciation of humor as sexually selected traits“ in Evolution and Human Behavior 2005

BREMMER, JAN/ROODENBURG, HERMAN, (HRSG.): Kulturgeschichte des Humors, Von der Antike bis heute, Primus Verlag, Darmstadt 1999

BUCHINGER, KURT/SCHOBER, HERBERT: Das Odysseusprinzip, Leadership revisited. Klett-Cotta, Stuttgart 2006

BUSCH, WILHELM: Gesamtwerk in 6 Bänden, Weltbild Verlag, Augsburg 1994

CAPELLE, WILHELM: Die Vorsokratiker, Kröner, Bd 119, 4. Auflage, Stuttgart 1953

CERVANTES, MIGUEL DE: Ausgewählte Werke; herausgegeben und eingeleitet von Max Krell; Band 1 u. 2; Berlin 1926

CHORHERR, THOMAS: Über das Lachen, NP Buchverlag, St. Pölten, Wien, Linz 2000

DE WAAL, FRANS: Der Affe in uns, Hanser Verlag, München, Wien 2006

FICHTENAU, HEINRICH: Askese und Laster in der Anschauung des Mittelalters, Wien 1954

FREUD, SIGMUND: Der Witz und seine Beziehung zum Unbewussten, Sämtliche Werke, Band 6, Imago, London 1940

FRINGS, WILLI: Humor in der Psychoanalyse. Eine Einführung in die Möglichkeiten humorvoller Intervention. Verlag W. Kohlhammer, Stuttgart, Berlin, Köln 1996

FRITSCH, SIBYLLE: Wenn Frauen herzlich lachen, Perlen-Reihe Band 315, 2. Auflage, Wien, München o. J.

GEHLEN, ARNOLD: Der Mensch, Berlin 1940

GEHRS, JENNY: Komische Philosophie – philosophische Komik, Manutius Verlag, Heidelberg 1996

GRIER, MANFRED: Worüber kluge Menschen lachen, Rowohlt, Reinbek bei Hamburg 2006

GRUNTZ-STOLL, JOHANNES: Ernsthaft humorvoll, Lachen(d) lernen in Erziehung und Unterricht, Beratung und Therapie, Verlag J: Klinkhardt, Bad Heilbrunn 2001

GUARDINI, ROMANO: Drei Schriftinterpretationen, Würzburg 1949

HADERER, GERHARD: Das Leben des Jesus. Ueberreuter, Wien 2002

HÄNSLIN, MONIKA: Humorosophie oder Die andere Seite der Vernunft, Diplomarbeit an der Fakultät für Human- und Sozialwissenschaften der Universität Wien, 2004

HEGEL, GEORG WILHELM FRIEDRICH: Vorlesungen über die Geschichte der Philosophie, Fr. Frommanns Verlag, Stuttgart 1959

HEGEL, GEORG WILHELM FRIEDRICH: Sämtliche Werke, Jubiläumsausgabe herausgegeben von Hermann Glockner, Fr. Frommanns Verlag, Stuttgart 1957

HEINTEL, ERICH: Humor und Agape in Gesammelte Abhandlungen, Band 3, S. 425 – 454, Fromann und Holzboog, Stuttgart 1995

HEINTEL, PETER: Humor in der Beratung. Über die Säkularisierung des Hofnarren, Manuskript, 24 Seiten, 2002

HIRSCH, EIKE CHRISTIAN: Der Witzableiter: oder die Schule des Lachens, Beck'sche Reihe, München 2001

HUFFZKY, KARIN: Wer muss hier lachen? Das Frauenbild im Männerwitz, Luchterhand, Neuwied 1979

KANT, IMMANUEL: Sämtliche Werke, herausgegeben von G. Hartenstein, Leipzig 1938

KARNER, PETER, (HRSG.): Lachen mit Luther, Traurigkeit ist des Teufels Instrument, Verlag Der Apfel, Wien 2002

KATARIA, MADAN: Lachen ohne Grund, Verlag Via Nova, Petersberg 2002

KÖHLER, PETER, (HRSG.): Geh mir aus der Sonne! Anekdoten über Philosophen und andere Denker, Reclam jun., Stuttgart 2001

KOTTHOFF, HELGA, (HRSG.): Das Gelächter der Geschlechter, Humor und Macht in Gesprächen von Frauen und Männern, 2. Auflage, Universitätsverlag, Konstanz 1996

KRAINZ, EWALD/GROß, HORST, (HRSG.): Eitelkeit im Management. Kosten und Chancen eines verdeckten Phänomens, Gabler Verlag, Wiesbaden 1998

KRANZ, GISBERT: Schmunzelkatechismus. Eine heitere Theologie, 4. Auflage, Verlag J. Pfeiffer, München 1994

KRAUS, KARL: Unsterblicher Witz, Kösel-Verlag, München 1961

LACKNER, KARIN: Macht Lachen frei? – die kathartische Wirkung von Humor, Januar 2004

LANGTHALER, RUDOLF: „Herr(n) Kollege(n) Walter Raberger, dem (der) Sechziger, und der Humor", in: Festschrift für Walter Raberger, 2004

LAUB, GABRIEL: Die Kunst des Lachens, Langen Müller, München 1997

LUCK, GEORG: Die Weisheit der Hunde, Texte der antiken Kyniker, Kröner Verlag, Stuttgart 1997

LÜTZELER, HEINRICH: Über den Humor, Arche-Verlag, Zürich 1966

MICHEL-ANDINO, ANDREAS: Kleine Philosophie des Lachens, Ein Essay über das Phänomen des Komischen, Fölbach, Koblenz 2000

MOSER, FRIEDHELM: Der philosophische Flohmarkt, Kleines Lexikon der Philosophie, Eichborn, Frankfurt am Main 1995

MÜLLER, CHRISTIAN: Die Rolle von Humor bei der Bearbeitung von Konflikten, Abschlussarbeit Studienjahr 2004/05, Weiterbildungsstudiengang „Konflikt und Frieden" – IFF, FU Hagen,

MÜLLER, HERBERT: Bank-Blüten, ein bunter Strauß für Banker und ihre Kunden, Gabler Verlag, Wiesbaden 1994

NESTROY, JOHANN: Sämtliche Werke, Jugend und Volk, Wien, München 1979

NEUBERGER, OSWALD: Was ist denn da so komisch? Beltz, Weinheim, Basel 1988

NEUES TESTAMENT: herausgegeben von Pius Parsch, übersetzt von Dr. Jakob Schäfer, Wien 1954

NIETZSCHE, FRIEDRICH: Die Geburt der Tragödie. Unzeitgemäße Betrachtungen, Gesamtausgabe in 16 Bänden, Alfred Kröner Verlag, Leipzig 1917

NOHL, HERMANN: Hegels theologische Jugendschriften, Mohr, Tübingen 1907

NOVUM TESTAMENTUM GRAECE ET LATINE: herausgegeben von D. Eberhard Nestle 23. Auflage Privileg. Württ. Bibelanstalt, Stuttgart 1957

PAUL, JEAN: Vorschule der Ästhetik, Wissenschaftliche Buchgesellschaft, Darmstadt 2000

PESENDORFER, BERNHARD: Organisationsdynamik, in: Gruppendynamik, Geschichte und Zukunft, 2. Auflage, WUV Verlag, Wien 1996

PIETSCHMANN, HERBERT: Eris und Eirene. Anleitung zum Umgang mit Widersprüchen und Konflikten, Ibera Verlag, Wien 2001

PIETSCHMANN, HERBERT: Die Wahrheit liegt nicht in der Mitte, Edition Weitbrecht, Wien 1990

PIETSCHMANN, HERBERT: Vom Spaß zur Freude, Ibera Verlag, Wien 2005

PLESSNER, HELMUT: Lachen und Weinen, Bern 1950

PÖHM, MATTHIAS: Nicht auf den Mund gefallen! mvg, Landsberg am Lech 2000

RAEITHEL, GERT: Die Deutschen und ihr Humor, dtv, München 2005

RITTER, JOACHIM: Über das Lachen, in: Blätter für deutsche Philosophie, Band 14, Berlin 1940

RÖHRICH, LUTZ: Der Witz: Figuren, Formen, Funktionen, Witz, Metzler, Stuttgart 1977

RULLMANN, WILHELM: Witz und Humor, Streifzüge in das Gebiet des Komischen, Berlin 1910

SALAJAN, IOANNA: Zen Comics, Charles E. Tuttle Company, Tokio 1974

SCHELLING, FRIEDRICH WILHELM JOSEPH: Münchner Vorlesungen zur Geschichte der neueren Philosophie, herausgegeben von Arthur Drews, Leipzig 1902

SCHILLER, FRIEDRICH: Gedichte, 1. Band, Sämtliche Werke, Reclam, Leipzig

SCHWARZ, GERHARD: Konfliktmanagement. Konflikte erkennen, analysieren und lösen, 7. Auflage, Gabler Verlag, Wiesbaden 2005

SCHWARZ, GERHARD: Die ‚Heilige Ordnung' der Männer. Hierarchie, Gruppendynamik und die neue Rolle der Frauen, 4. Auflage, VS Verlag für Sozialwissenschaften, Wiesbaden 2005

SCHWARZ, GERHARD: Was Jesus wirklich sagte. Wie man „Tote" lebendig macht. Edition Vabene, Wien 2000

TITZE, MICHAEL: Die heilende Kraft des Lachens. Mit therapeutischem Humor frühe Beschämungen heilen. Kösel-Verlag, München 1995

TRENKLE, BERNHARD: Das Aha!-Handbuch der Aphorismen und Sprüche für Therapie, Beratung und Hängematte, Carl-Auer-Systeme Verlag, Heidelberg 2004

UNAMUNO, MIGUEL DE: Das Leben Don Quichottes und Sanchos, übersetzt von Otto Buek, Wien 1926

VISCHER, F. TH.: Mode und Zynismus, 1879

VORHAUS, JOHN: Handwerk Humor, Zweitausendeins, Frankfurt am Main 2001

WATZLAWICK, PAUL, ET. AL.: Lösungen zur Theorie und Praxis menschlichen Handelns, Huber, Bern 1984

WEBER, CARL WILHELM: Diogenes. Die Botschaft aus der Tonne, Nymphenburger Verlag, München 1987

WELLENBRECHER, FLORIAN/CASH, RICHARD W.: Kompromisslos kompliziert. Sechs Wege, das Leben nicht zu leicht zu nehmen. Brendow Verlag, Moers 2003

ZABO: Kamikaze, 13. Auflage, John Weatherhill, Inc., Tokio 1981

Der Autor

Dr. Gerhard Schwarz, Universitätsdozent für Philosophie (Universität Wien) und Gruppendynamik (Universität Klagenfurt), arbeitet seit Anfang der 60er Jahre auf den Gebieten Organisationsentwicklung, Gruppendynamik, Konfliktmanagement, mehrdimensionale Ursachenforschung und Cross-cultural-Projekte. Er ist Berater renommierter Unternehmen.

Von seinen vielen Veröffentlichungen fanden besonders seine Bücher „Konfliktmanagement" und „Die ‚Heilige Ordnung' der Männer" große Beachtung. Im praktischen Konfliktmanagement ist Schwarz für seine humorvollen Interventionen bekannt. Auch seine Vorträge werden mit Begeisterung aufgenommen.

Seit 2001 ist Schwarz Moderator der Sendung „Philosophicum" im ORF. Außerdem moderiert und präsentiert er Dokumentationssendungen.